工程热力学解疑

张净玉　赵承龙　主编

北京航空航天大学出版社

内 容 简 介

　　本书结合教学中遇到的常常令学生感到困惑的问题,收集了与工程热力学理论及工程实践相关的 120 余个问题,这些问题分为基本概念、热力学基本定律、热力学过程、工质的热力性质、热力循环以及化学热力学基础 6 个部分,并附有相应的解答和分析。

　　本书以一问一答为基本形式,是一本工程热力学课外学习指导书,可作为理工类本科生及业余自学者学习的参考书,也可供讲授工程热力学课程的教师作为答疑、课上展开讨论提问的参考工具书。

图书在版编目(CIP)数据

　　工程热力学解疑 / 张净玉,赵承龙主编. -- 北京 : 北京航空航天大学出版社,2022.12
　　ISBN 978 - 7 - 5124 - 3945 - 0

　　Ⅰ. ①工… Ⅱ. ①张… ②赵… Ⅲ. ①工程热力学 Ⅳ. ①TK123

　　中国版本图书馆 CIP 数据核字(2022)第 219191 号

工程热力学解疑
张净玉　赵承龙　主编
策划编辑　龚雪　　责任编辑　龚雪
*
北京航空航天大学出版社出版发行

北京市海淀区学院路 37 号(邮编 100191)　　http://www.buaapress.com.cn
发行部电话:(010)82317024　传真:(010)82328026
读者信箱: goodtextbook@126.com　　邮购电话:(010)82316936
北京建宏印刷有限公司印装　各地书店经销
*
开本:850×1 168　1/32　印张:3.375　字数:91 千字
2022 年 12 月第 1 版　2024 年 8 月第 2 次印刷　印数:1 001~1 500 册
ISBN 978 - 7 - 5124 - 3945 - 0　定价:19.00 元

前　言

　　工程热力学是高等院校能源动力、航空航天、空调制冷、机械等相关专业的一门核心专业基础课。它不仅理论性强，而且涉及的工程应用范围广，几乎是相关专业本科生进入大学后面临的第一门从基础理论建模入手，理论联系实践，然后通过理论分析提出工程解决方案的课程。因此，在教学实践中，大多认为工程热力学课程具有概念多、公式多、内容抽象、艰涩难懂等特点。为了帮助学生厘清思路、解惑答疑，学好和用好工程热力学，编者搜集了一线教学中遇到的问题编写了这本教学参考书。

　　本书收录的大部分问题来源于学生学习中的疑问，还有一部分是教学中用来引导启发学生深入思考和探讨的问题。全书包括基本概念、热力学基本定律、热力学过程、工质的热力性质、热力循环以及化学热力学基础 6 个部分，共 120 余个问题。书中给出了这些问题的参考答案，有的工程问题还给出了可供参考的实例。

　　特别感谢赵承龙老师对本书编写提供的帮助和支持。由于编者水平有限，书中难免有不妥之处，请广大读者批评指正。

张净玉

2022 年 11 月于南京航空航天大学

前　言

本书主要符号说明

符号	名称和单位
a	声速,m/s
A	面积,m/s
C	常数
c	比热容,J/(kg·K)
c_f	气体流速,m/s
c_v	定容比热容,J/(kg·K)
c_p	定压比热容,J/(kg·K)
c_m	平均比热容,J/(kg·K)
c_n	多变比热容,J/(kg·K)
d	含湿量,kg(水蒸气)/kg(干空气)
E_x	㶲,J
E_n	任意形式的能,J
F	亥姆霍兹函数(自由能),J
f	比自由能,J
G	吉布斯函数(自由焓),J
g	比自由焓,J
H	焓,J
h	比焓,J/kg
k	定熵指数
M	摩尔质量,kg/mol
m	质量,kg
$\dot{m}$	质量流率,kg/s
n	多变指数

p	绝对压力, Pa
p_0	大气环境压力, Pa
p_s	饱和压力, Pa
p_v	湿空气中水蒸气的分压力, Pa
Q	热量, J
q	单位质量工质交换的热量, J/kg
R	通用气体常数, J/(mol·K)
R_g	气体常数, J/(kg·K)
S	熵, J/K
s	比熵, J/(K·kg)
S_g	熵产, J/(K·kg)
S_f	(热)熵流, J/(K·kg)
T	热力学温度, K
t	摄氏温度, ℃
U	内能(热力学能), J
u	比内能, J/kg
V	容积, m³
v	比容, m³/kg
W	膨胀功, J
w	单位质量工质交换的功, J/kg
x	湿蒸汽的干度
α	热膨胀系数, K⁻¹
β_T	定温膨胀系数, Pa⁻¹
β_s	定熵压缩系数, K⁻¹
γ	比热比;汽化潜热, J/kg
ε	制冷系数;压缩比
ε'	供暖系数
η_c	卡诺循环效率;绝热效率
η_T	燃气轮机相对内效率

η_t 循环热效率

λ 定容升压比

μ_j 焦耳-汤姆逊系数

ρ 密度，kg/m^3；预定压胀比

ϕ 相对湿度

τ 循环温升比

w_i 混合气体的质量成分

x_i 混合气体的摩尔成分/容积成分

Ma 马赫数

π 增压比

β_{cr} 临界压力比

r 半径，m

λ 能质

ω 角速度，rad/s

$\dot{W}$ 功率，W

τ 循环增温比/剪切应力，N/m^2

下角标

a 湿空气中干空气的参数

eq   混合气体折合参数

v 水蒸气的参数；定容过程

cr   临界点参数

h   热源

c   冷源

in   进口参数

out   出口参数

iso   孤立系统

s 定熵过程

p 定压过程

T	定温过程
n	多变过程
opt	最佳

上角标

*	总参数,滞止参数
$'$	饱和液体
$''$	饱和蒸汽

目　　录

第 1 章　基本概念

1. 一个系统与外界有能量交换,但保持系统的能量不变,系统中工质的状态能否发生变化?

答: 在这种条件下,系统中工质的状态仍可以发生变化。

根据状态公理,对简单压缩系统而言,确定状态的独立参数只有两个,设为内能 U 及容积 V,尽管系统的能量(即内能)不变,但系统的另一个独立参数 V 仍能变化,因而能发生状态改变过程。

例如理想气体定温过程,外界向系统加入的热量与系统向外界做的功相等,系统的内能虽保持不变,但系统的状态仍能发生变化(因容积可以改变)。

2. 没有任何能量通过边界进入(或排出)系统,系统中工质的状态能否发生变化?

答: 如果系统中的工质原来就处于平衡态,则根据热力平衡不自发破坏原理,工质的状态是不会改变的。

如果系统内部原来就存在着某种不平衡,如温差、压差、浓度差等,则系统内部会发生状态的改变,例如系统的内部扩散就是如此(尽管系统与外界无任何能量交换)。

3. 绝对真空能看成是绝对温度为 0 K、绝对压力为 0 Pa 吗?

答: 热力学所研究的对象是大量粒子(如分子等)组成的宏观系统,系统中的这些由大量粒子组成的物质称为工质。温度、压力等状态参数就是用来描述系统中工质的状态特性的,因此任何状态参数总是与工质分不开的,一旦失去了工质,这些状态参数本身也就失去了存在的意义。绝对真空已无物质可言,即没有工质,当然也谈不上什么状态参数,所以把绝对真空看成是绝对温度为 0 K

和绝对压力为 0 Pa,从热力学观点来说是毫无意义的。

4. 把水的沸点和冰点之间分为 100 等分,每一等分就是1 ℃,对吗?

答:这是早期的摄氏分度法,是 18 世纪瑞典天文学家安德斯·摄尔修斯提出的,已经废弃不用。现在的摄氏度已经被纳入国际单位制,国际实用温标中所规定的摄氏度是以热力学温度为基础来定义的。IPTS - 68 规定:

$$t = T - 237.15$$

式中,T 是热力学温度,单位是 K;t 是摄氏度,单位为℃。

5. 有没有负绝对温度?

答:在某种特殊系统中,负绝对温度是可能出现的。根据温度的热力学定义,有

$$T = \frac{1}{\left(\dfrac{\partial S}{\partial U}\right)_V}$$

当某种系统的能量改变与系统熵的变化符号相反时(例如系统的能量增加而导致熵减小),由上式可见,分母出现负号,这时系统将出现负绝对温度。

由实验得知,对于某些特殊的粒子系统如原子核自旋系统,当加入能量时,系统的熵反而减小,这时就出现负绝对温度。对于一般常见的热力系统,当加入能量时,系统的熵总是增加的,因此系统总是具有正的绝对温度,不会出现负绝对温度。

6. 有没有负绝对压力?

答:负绝对压力是可能出现的。

关于负绝对压力的问题,在分析范德瓦尔方程时,从 $p - V$ 图定温线可以看出,有些定温线的过热液体部分,在低温时位于横轴之下(见图 1 - 1),即处于负的绝对压力区域。这种负绝对压力的过热液体状态可以在实验中观察到。例如,小心地把液体柱及装

液体的容器一起拉长,借助于这一手段,就可以使水具有负压力(绝对值为大气压力的十分之几)。

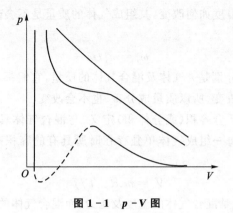

图 1-1　*p*-V 图

7. 下列各物理量中哪些是强度量？哪些是广延量？

质量　重量　容积　速度　密度

能量　重度　压力　温度　重力势能

答：强度量:速度、密度、重度、压力、温度。

广延量:质量、重量、容积、能量、重力势能。

8. 气体的速度是否可作为热力状态参数？

答：气体的速度是不能作为气体的热力状态参数的。因为具有同一热力状态(比如说压力、温度都相同)的气体,可以具有不同的速度。可见,速度不是热力状态的单值函数,所以气体速度不是热力状态参数。当然,气体的速度与热力状态参数之间也不是毫无关系的,例如在绝热的情况下,流动着的气体速度减小,将使气体的温度升高。

9. 在无化学反应的系统中,当理想气体混合物的温度或压力有了改变,其组成气体的质量成分、容积成分(或摩尔成分)是否也要发生变化？

答：混合气体中温度或压力发生变化,其组成气体的质量成分和容积成分(或摩尔成分)不会有改变。

根据质量守恒定律可知,在无成分变化的封闭系统中,不论工质的压力或温度如何改变,其组成气体的质量是不会改变的,由下式可知

$$\omega_i = m_i/m$$

其中 m_i、m 分别是 i 气体及混合气体的质量,它们都不会随温度、压力变化而改变,所以质量成分 ω_i 也不会改变。

又根据折合容积(或分体积)定义:与混合气体具有相同的温度和压力的每一组成气体单独存在时所具有的容积叫折合容积,应有

$$V_i = m_i R_{g,i} T/p$$

其中 T、p 就是混合气体的温度及压力,而混合气体的容积为

$$V = m R_{g,\text{eq}} T/p$$

上式中 $R_{g,i}$ 及 $R_{g,\text{eq}}$ 分别是 i 气体及混合气体的气体常数,它们都不随温度或压力而改变。所以按容积成分定义可有

$$x_i = \frac{V_i}{V} = \frac{m_i R_{g,i} T/p}{m R_{g,\text{eq}} T/p}$$

由上式看出,尽管混合气体的温度 T 或压力 p 有所改变,但不影响容积成分(或摩尔成分)的数值。

实际上直接根据下列公式

$$x_i = \frac{M_{\text{eq}}}{M_i} \omega_i$$

其中,M_i 和 M_{eq} 分别是 i 气体及混合气体的摩尔质量(分子量)。因式中 M_i、M_{eq} 及 ω_i 均不随温度、压力而变,所以容积成分也不变。

10. 理想混合气体中组成气体的分容积和分压力能否用仪器进行定量测量?

答:理想混合气体中组成气体的分容积 V_i 和分压力 p_i 是可以用气体分析器测量出来的。例如以空气为例,图 1-2 就是一种

简易的气体分析器。

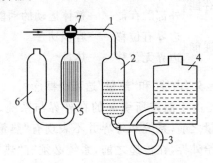

1—运送管;2—测量管;3—橡皮管;4—水罐;5—吸收瓶;6—缓冲瓶;7—三通开关。

图 1-2 简易气体分析器

吸收瓶 5 盛满具有吸收氧气能力的吸收剂焦性没食子酸 ($C_6H_3(OH)_3$),提起水罐使水充满运送管(三通开关的位置参见图 1-2),然后降低水罐,将空气吸入,从测量管 2 上的刻度读出水面的数值,这就是被吸入的作为试样的空气容积 V(这时它的压力等于外界大气压力)。旋转三通开关使吸收瓶与运送管相通而与外界隔绝,然后借助于水罐的位置升降迫使试样进入吸收瓶,与吸收剂充分接触,氧气被吸收后,最后再从测量管上按照水罐与测量管水面相齐为准,读出刻度的数值,它就是氮气的分容积 V_{N_2}(因压力仍然等于外界大气压),则氧气的分容积为

$$V_{O_2} = V - V_{N_2}$$

如果原来用了 100 mL 的空气作为试样,现在氧气被吸收以后,剩下来的氮气使其所占的容积仍为 100 mL(利用水罐的升降来调节达到),其温度与环境温度相等,则此时测量管及水罐水面差就可确定氮气的分压力 P_{N_2}。

11. 什么叫贮存能?什么叫传递能?

答:一般而言,系统的能量可分为贮存能和传递能。前者为贮存于系统本身的能量,如内能、整体运动的动能和势能;而后者为通过边界与外界传递的能量,如功和热量。分类关系如下:

$$\text{能量}\begin{cases}\text{贮存能}\begin{cases}\text{内部贮存能——内能}\\\text{外部贮存能——整体运动的动能和势能}\end{cases}\\\text{传递能}\begin{cases}\text{边界有位移——容积功}\\\text{边界无位移——热量}\end{cases}\end{cases}$$

12. 如何区分"内能"和"热量"这两个概念？

答：热量是由于温差所引起的在外界与系统之间传递的能量。在传递能量之前，系统和外界并不表现有"热量"。有些人总以为系统传热给外界，在传递之前，系统必须有"热量"，否则难以理解如何输出热量；同样地在传递之后，他们也总是以为外界也应具有"热量"。这些看法是错误的。实际上，传递之前系统所具有的和传递之后外界所具有的都是系统贮存的能量——内能，而不是传递中的"热量"。有一个很好的比喻来区分这两个概念：雨下到池塘里，下的是"雨"，雨落到池塘里以后就不再是"雨"，而成为池塘里的水。"雨"是传递中的量，"水"才是池塘中贮存的量。热量与内能的区别正像雨和水的区别。

13."内能"与"热能"含义是否相同？

答："内能"与"热能"含义不相同，两者有一些差别。

内能是指这样的能量——当不考虑系统整体运动的动能和因这种运动而引起的势能变化时，系统的其余部分的能量。一般认为内能包括分子运动的动能、分子相互作用所具有的势能以及零点能。而热能可理解为与热运动有关的那部分内能，显然它不包括零点能，因为零点能是物体在绝对零度时的内能值，这时分子及构成分子的原子热运动已停止，零点能表征的是原子内部其他微粒的运动能，而不是热运动的能量。

14. 在分别计算过程中内能及焓的变化时，与选择内能及焓的起算点有无关系？若计算同一状态下系统的内能及焓值，与选择内能及焓的起算点有无关系？

答：如果分别就两个参数计算其相对变化值，则与假定内能及熵的计算起点无关。但若涉及同一状态下内能与熵值的计算，就不能同时任意假定内能及熵的计算起点。

这是因为，内能和熵之间是有联系的，如对理想气体来说，内能和熵有如下关系式：

$$h = u + pv = u + R_g T$$

由上式可见，当假定内能 u 的起算点为 $T = 273$ K 时，$u = 0$，则此时熵 $h \neq 0$（因为 $pv = R_g T \neq 0$）；相反地，当假定 $T = 273$ K 时，为熵的起算点 $h = 0$，则此时 $u \neq 0$（理由同上）。如果假定在同一温度下两者同时为 0，就必然要发生矛盾，通常只规定其中一个参数的计算起点，而另一参数可根据上述关系式计算出相应的值。

15．热量和功不是状态参数，是否与初、终态完全无关？

答：热量和功不是状态参数，都是过程中出现的量，显然与过程有关，也就是说在初、终态一定时，所经历的途径（过程）不同，传递的热量和功都会不同。这是与热量和功相关的重要特性。但是热量和功的大小还是与初、终态有关的，也就是说在同一过程中，热量或功的大小还随着初、终态不同而不同。当过程一定时，热量和功与初、终态有关。如果过程为绝热过程，那么过程的功将只取决于初、终态内能；而在定压过程中，过程的热量则取决于初、终态的熵。

16．准静态过程、平衡过程以及可逆过程，三者是否可以等同？

答：首先，系统状态变化的连续过程构成热力过程。热力过程一般分为平衡过程和不平衡过程。实际系统状态改变的过程都是偏离平衡状态的过程，因此，一切实际的热力过程都是不平衡过程。系统的不平衡状态在没有外界条件影响的情况下总会自发地趋于平衡状态。

若过程进行得足够缓慢，使得每一瞬间在系统内部（不要求系统与外界之间）都来得及建立新的平衡状态，即无限接近内部的平衡状态,这种过程称为准平衡过程或准静态过程。这种仅具有内平衡的过程就其实质来说,仍属于不平衡过程的范畴,因系统与外界并未能保持平衡。

系统状态改变的速度越小,即弛豫时间越长,则准平衡过程与平衡过程的近似程度也越大。在极限情况下,当过程进行得无限缓慢时,就成为完全的平衡过程。这种过程进行的每一步都保持着系统内部及系统与外界之间的平衡。

所谓可逆过程是指当系统完成某一过程后,如果仍沿原来的途径逆向进行回复到原来的初态,而系统和外界都恢复到原来状态,不留下丝毫的改变,满足这样条件的系统其原来进行的某一过程称为可逆过程。这里的逆向进行即要求系统和外界都恢复原状,只是作为衡量原来进行的某一过程是否具有可逆性的手段和条件。

综上,只有平衡过程才具有可逆性,平衡过程就是可逆过程。平衡过程及可逆过程是从不同角度对同一类性质过程的描述,前者着眼于过程经历的内部状态,而后者着眼于外部的效果。不平衡过程总是属于不可逆过程,因为过程的不平衡性是过程不可逆性的原因。有些教材里讲的平衡过程实际上是内平衡过程。

17. 实际工程中是否存在准静态过程?

答:可以举出很多这样的例子。准静态过程的特点是建立平衡的速率远大于破坏平衡的速率。气体动力学的研究表明,如果活塞移动速度比气体中声音传播速度小,则气体状态变化就可以认为是准静态的。因为压力波传递速度等于声音传播速度,一般气体声速约为 $300 \sim 1\,000$ m/s(与介质温度及气体种类有关),所以当活塞速度为每秒几米到十几米时,气体状态变化就能看作是准静态的,这种实例在工程中是常见的。

18. 系统内部不具有平衡的过程,能否采用 $\int_{t_1}^{t_2} c\,dt$ 来计算过程的热量?

答：一般是不可以的。工质的热力学状态是指热力系统中工质在某一时刻所呈现出来的宏观物理状况,简称状态。用来描述工质平衡状态的宏观物理量称为状态参数。当状态一定时,所有的状态参数都具有一确定的值;反之,一旦状态参数确定,状态也相应确定了。因此,当系统内部不具有平衡的过程时,很难确定系统的状态参数和过程的特性,无法确定 $c = f(t)$ 的关系,所以也无法用此公式计算热量。

19. 用平均比热容计算热量的公式如下: $q = c_m \big|_0^{t_2} \cdot t_2 - c_m \big|_0^{t_1} \cdot t_1$,**式中** $c_m \big|_0^{t}$ **是 0~t 范围内的平均比热容;** t_1、t_2 **都是摄氏温度。如果将上式中摄氏温度换成绝对温度** T_1、T_2,**即** $q = c_m \big|_{273}^{T_2} \cdot T_2 - c_m \big|_{273}^{T_1} \cdot T_1$,**其结果与前面计算的结果是否一样?式中** $T_1 = 273 + t_1$,$T_2 = 273 + t_2$。

答：其结果不一样。因为从原式出发推导出用绝对温度表示的表达式应为

$$q = c_m \big|_0^{t_2} \cdot t_2 - c_m \big|_0^{t_1} \cdot t_1$$
$$= c_m \big|_{273}^{T_2} \cdot (T_2 - 273) - c_m \big|_{273}^{T_1} \cdot (T_1 - 273)$$
$$= (c_m \big|_{273}^{T_2} \cdot T_2 - c_m \big|_{273}^{T_1} \cdot T_1) + (c_m \big|_{273}^{T_1} - c_m \big|_{273}^{T_2}) \times 273$$

这里 $c_m \big|_{273}^{T_1} = c_m \big|_0^{t_1}$,$c_m \big|_{273}^{T_2} = c_m \big|_0^{t_2}$,通常 $c_m \big|_{273}^{T_1} - c_m \big|_{273}^{T_2} \neq 0$,所以 $c_m \big|_0^{t_2} \cdot t_2 - c_m \big|_0^{t_1} \cdot t_1 \neq c_m \big|_{273}^{T_2} \cdot T_2 - c_m \big|_{273}^{T_1} \cdot T_1$,因此原式中的 t_2、t_1(摄氏温度)不能随便更换为 T_2、T_1(绝对温度)。

20. 不具有内部平衡过程的系统对外所做的容积功如何计算?

答：计算容积功的公式是 $W = \int_{V_1}^{V_2} p_0 \mathrm{d}V$,式中 p_0 是外界的压力,V 是系统的容积。如果系统内部不具有平衡的过程,则一般不能用这个公式来计算对外所做的功,因为 p_0 与 V 不存在唯一的函数关系。但在以下两种特殊条件下,可以确定容积功:

① 过程中系统的容积不变:此时 $dV = 0$,所以对外做功恒为零;

② 过程中边界面上外界的压力保持恒定:例如由气缸活塞构成的闭口系统向大气膨胀做功,这时边界上外界压力 $p_0 =$ 常数,则有 $W = p_0(V_2 - V_1)$,式中 V_1、V_2 分别为过程中系统的初态及终态的容积。

21. 在什么条件下热力控制体可视作控制质量系统? 在什么条件下控制体可视作孤立系统? 是否控制体内质量不变的系统就是闭口系统?

答: 当系统与外界交换的质量为零时,控制体可视为控制质量系统。当控制体与外界交换的质量和能量均为零时,控制体就成了孤立系统。

通常,闭口系统内的质量保持恒定不变,仅与外界交换能量,称为控制质量系统。相对应的开口系统选择空间作为系统,可以与外界进行质量和能量的交换,也被称作控制容积系统。值得注意的是,当开口系统进入和流出的质量相等的时候,其控制容积内的质量没有变化,因此并不是质量不变的系统就是闭口系统,区别闭口系统和开口系统的关键是看是否有质量的交换。

22. p - V 图上的面积为什么仅代表准平衡过程的功?

答: 非平衡过程的功不能用 $\int p \, dV$ 计算,除非是已知的特殊过程,否则必须用其他方法确定。以下举两个例子说明:

考虑图 1 - 3 中由气体形成的热力系统。在图 1 - 3(a)中功明显地通过旋转的轴穿越了系统边界,但系统的容积没有改变。忽略滑轮系统的摩擦,可以通过重力和下落距离的乘积来计算输入的功。然而,它不会等于 $\int p \, dV$,该积分值为零。这里的桨轮提供了一种非平衡功的模式。

另外一个典型的例子如图 1 - 3(b)所示,若图中隔在气体和

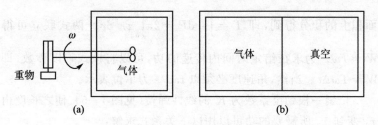

图 1 - 3 准平衡过程的做功分析

真空之间的膜破裂了,允许气体膨胀并充满原本真空的空间。当气体充满空间时,在移动的边界上没有阻力阻碍气体的膨胀,所以没有做功,即无阻膨胀不做功,但是气体的容积改变了。这种膨胀是一种非平衡过程,而且也不能用 $\int p\,dV$ 计算功。

23. 三种其他类型的功如何计算?

功通过转动着的轴进行传递(见图 1 - 4)在机械系统中是常见的。这种功是由剪切力产生的,而剪切力是由剪切应力 τ 引起的,剪切应力随着以角速度 ω 运动的转轴的横截面半径呈线性变化。剪切力为 $dF = \tau\,dA = \tau(2\pi r\,dr)$,在该力推动下的线性速度是 $r\omega$。

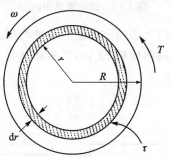

图 1 - 4 转动轴输出的功

所以,所做的功率为 $\dot{W} = \int_A r\omega\,dF = \int_0^R (r\omega)\tau(2\pi r)\,dr = 2\pi\omega\int_0^R \tau r^2\,dr$,其中 R 是轴的半径。扭矩 T 是通过剪切应力在整个

面积上的积分得到,即 $T = \int_A r\,\mathrm{d}F = 2\pi\int_0^R \tau r^2\,\mathrm{d}r$。两式联立可得 $\dot{W} = T\omega$。为求在给定时间内传递的功,可以将该式乘以秒数,即 $W = T\omega\Delta t$。当然,角速度必须以 rad/s 为单位表示。

拉紧一根劲度系数为 K 的线性弹簧(见图 1-5),使之长度由 x_1 变到 x_2 所需要的功可以用以下关系式求解:

$$F = Kx$$

其中,K 是劲度系数,与弹簧本身有关;x 是弹簧从未拉伸位置到拉伸位置的距离。在弹簧被拉伸的整个范围内对力积分,结果为

$$W = \int_{x_1}^{x_2} F\,\mathrm{d}x = \int_{x_1}^{x_2} Kx\,\mathrm{d}x = \frac{1}{2}K(x_2^2 - x_1^2)$$

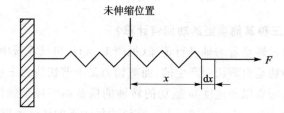

图 1-5 拉伸弹簧做的功

图 1-6 所示的电功模式为最后一种类型。电池两端的电势差 V 就是"力",在时间增量 Δt 内,它驱动电荷 q 流过电阻。同电荷相关的电流 i 为

$$i = \frac{\mathrm{d}q}{\mathrm{d}t}$$

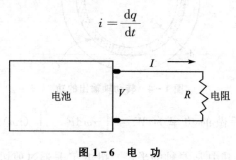

图 1-6 电 功

对于恒定电流,电荷为 $q = i \Delta t$,则这个模式的非平衡功为 $W = Vi \Delta t$。功率就是做功的速率,即 $\dot{W} = Vi$。

24. 刚性容器的放气问题分析。

现在考虑压力容器的放气。这一问题要比容器的充气过程复杂得多,原因是出口截面处的性质在所研究的时间间隔内不是恒定的,必须考虑变量随时间的变化。假设容器是绝热的,这样就没有传热发生,并忽略动能和势能。在没有轴功的假设下,能量方程变为

$$0 = \frac{\mathrm{d}}{\mathrm{d}t}(um) + m_2(p_2 v_2 + u_2) \quad\quad ①$$

其中,m 是控制容积中的质量。将连续方程 $\dfrac{\mathrm{d}m}{\mathrm{d}t} = -m_2$ 代入式①,可得

$$\mathrm{d}(um) = (p_2 v_2 + u_2)\mathrm{d}m \quad\quad ②$$

假定气体通过一个打开的阀门排出,如图1-7所示。紧靠着阀的上游截面积是 A_2,气体状态为 p_2、v_2 和 u_2。同时假设这个截面的速度相当小,所以 p_2、v_2 和 u_2 分别与控制容积内的值大体相等。在这一假设下,式②变为

$$\mathrm{d}(um) = (pv + u)\mathrm{d}m$$

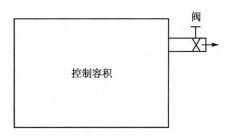

图1-7 放气过程

令 $\mathrm{d}(um) = u\mathrm{d}m + m\mathrm{d}u$,则有 $m\mathrm{d}u = pv\mathrm{d}m$。考虑气体为理想气体,则 $\mathrm{d}u = c_v\mathrm{d}T$,$pv = R_g T$,于是得到

$$mc_v \mathrm{d}T = R_g T \mathrm{d}m \qquad ③$$

将式③积分(下标 i 表示初态,下标 f 表示终态),同时联立 $\dfrac{c_v}{R_g} = \dfrac{1}{k-1}$,结果为

$$\frac{c_v}{R_g} \ln \frac{T_f}{T_i} = \ln \frac{m_f}{m_i} \ , \ \frac{m_f}{m_i} = \left(\frac{T_f}{T_i} \right)^{\frac{1}{(k-1)}}$$

进一步运用过程方程可得到质量变化与压力变化的关系:

$$\frac{m_f}{m_i} = \left(\frac{p_f}{p_i} \right)^{\frac{1}{k}}$$

需要提醒的是,以上方程的使用条件是容器没有传热,过程为准静态过程,整个控制容积内的性质假设是均匀分布的(这要求放气速度较慢,比如说 100 m/s 或更小)。

第 2 章　热力学基本定律

1. "内能是状态的单值函数"为什么可以看成是热力学第一定律的一种表述?

答:"内能是状态的单值函数"与能量守恒定律有着直接的联系。

试想如果内能不具有状态的单值性,就是说同一状态可以具有两个以上不同数值的内能,则可采取在保持系统的状态不变的情况下,利用其内能的差值获得能量,实际上也就是在状态不变的情况下,创造出能量来。或者也可以用类似的方法把能量消灭掉,这样就否定了热力学第一定律。所以,"内能是状态的单值函数"可看成是热力学第一定律的一种表述。

2. 不采用任何加热方式能否使气体的温度升高? 同时放热和升高温度是否也可以?

答:有可能。例如对气体实施绝热压缩即可使气体的温度升高。因为由热力学第一定律解析式 $Q = \Delta U + W$ 可知,如不采用任何加热方式,即 $Q = 0$,外界向系统做功 $W < 0$,则 $\Delta U > 0$,即气体内能增加,所以温度要上升。

同时放热和升高温度也是有可能实现的。在向系统做功 W 同时放热 Q 的过程中,根据上述关系式,当 $|W| > |Q|$ 时,$\Delta U > 0$,仍可使气体的温度升高。

3. 如图 2-1 所示,有 N、A 两室用阀门 C 连接起来,向 N 室充气,室壁皆对外绝热。以下 4 种情况如何确定充气后 N 室中气体(理想气体)的温度?

假设:(1) N 室为真空,A 室装有某种理想气体;

（2）N 室原有少量与 A 室相同的气体，A 室装有某种理想气体；

（3）N 室为真空，A 室与无限气源相通；

（4）N 室原来有少量与气源相同的理想气体，A 室与无限气源相通。

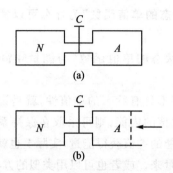

图 2-1 充气模型

答：分析如下：

（1）如图 2-1(a)所示，N 室为真空，A 室有一定量气体，取 A 室气体为闭口系统。在阀门 C 开启后，A 室气体（原来的压力及温度分别为 p_A 及 T_A）向 N 室真空膨胀，即不做功（$W=0$），且对外绝热（$Q=0$），则由热力学第一定律解析式：

$$Q = \Delta U + W \qquad ①$$

可得 $\Delta U=0$，即充气前后系统的内能不变，或

$$U_f - U_A = 0 \qquad ②$$

式中，U_A、U_f 为充气前、后系统的内能，对于理想气体，可由式②得到充气后 N 室气体温度 T_f 为 $T_f = T_A$。

（2）如图 2-1(a)所示，设 N 室有 m_N 千克气体，状态参数为 p_N、T_N；A 室有 m_A 千克气体，状态参数为 p_A、T_A，并假定 $p_A > p_N$。取 A、N 两室气体共同构成闭口系统，当阀门开启后，A 室气体向 N 室充气，此时闭口系统对外界未做功，也无热量交换，根据热力学第一定律解析式可得

$$\Delta U = 0$$

或
$$(m_A + m_N) u_f - (m_A u_A + m_N u_N) = 0$$

这里的 u_f 是充气后整个系统的比内能;u_A、u_N 分别为充气前 A、N 室气体的比内能。对理想气体可有

$$T_f = \frac{m_A T_A + m_N T_N}{m_A + m_N}$$

这里假定 A、N 室内均为相同的气体。

(3) 如图 2-1(b)所示,N 室为真空,A 室与无限气源相通,当阀门开启后,气体向 N 室充气。设气源参数为 p_A,T_A,现把 A 室中虚线以左的部分气体(设容积为 V_A)划为闭口系统,这里 V_A 气体就是最后充入 N 室的那部分气体。在充气过程中闭口系统与外界绝热($Q=0$),但接受虚线右边气体的推动功 $p_A V_A$(或 $W = -p_A V_A$,负号表示外界向系统做功),于是由热力学第一定律解析式可得

$$\Delta U + W = 0$$

或
$$U_f - U_A - p_A V_A = 0 \qquad \text{③}$$

式中,U_A 是原来 V_A 中气体的内能;U_f 是充入 N 室后的气体内能,式③可写为

$$U_f = H_A$$

这里 H_A 是 V_A 中气体的焓,对于理想气体可有

$$T_f = \frac{c_p T_A}{c_v} = \gamma T_A$$

式中,c_p、c_v 分别为气体的定压比热容及定容比热容;γ 是比热比。

(4) 如图 2-1(b)所示,N 室中原有 m_N 千克气体,参数为 p_N、T_N;而 A 室与无限气源相通(参数为 p_A、T_A)。现把 N 室及 A 室中虚线以左部分 V_A 合在一起划为闭口系统,V_A 中气体即最后全部充入 N 室的气体。于是这个闭口系统 $Q=0$,$W = -p_A V_A$,由热力学第一定律解析式可得

$$\Delta U + W = 0$$

或 $(m_A + m_N)u_f - (m_A u_A + m_N u_N) - p_A V_A = 0$

整理后得

$$(m_A + m_N)u_f - (m_A h_A + m_N u_N) = 0$$

这里 h_A 是 V_A 中气体的比焓,于是有

$$T_f = \frac{m_A c_p T_A + m_N c_v T_N}{(m_A + m_N)c_v}$$

4. 在理想气体定温膨胀过程中,有 $Q = W$;实际气体定温膨胀过程中,Q 与 W 是否也相等?

答:对于非理想气体的实际气体,在定温膨胀过程中,$Q > W$,现证明如下:

根据热力学第一定律解析式

$$Q = \Delta U + W \qquad\qquad ①$$

而 $$dU = \left(\frac{\partial U}{\partial T}\right)_V dT + \left(\frac{\partial U}{\partial V}\right)_T dV \qquad\qquad ②$$

对于理想气体,U 仅是温度的函数,与 V 无关,故 $\left(\frac{\partial U}{\partial V}\right)_T = 0$;而对于实际气体来说,$\left(\frac{\partial U}{\partial V}\right)_T \neq 0$,这里 $\left(\frac{\partial U}{\partial V}\right)_T$ 表示内能由于容积改变所引起的变化,它是正值,即在温度不变时,随着 V 的增大,内能(分子间的势能)也增大。因此由式②可知在温度不变时,$dT = 0$,$\left(\frac{\partial U}{\partial V}\right)_T > 0$,膨胀时,$dV > 0$,所以 $dU > 0$ 或 $\Delta U > 0$,而定温膨胀过程中,$W > 0$,则由式①可得 $Q > W$。

5. 下列各种叙述是否正确?

(1) 功可以全部变为热,而热不能全部变为功;

(2) 低温向高温传热是不可能的;

(3) 功变热是自发的、无条件的,而热变功则是非自发的、有条件的。

答：(1) 这种说法不确切。因为对于理想气体定温过程来说，是可以把热全变为功的，所以必须加上"循环工作的机器"或类似的前提才对。

(2) 这种说法不确切。因为客观实际的制冷设备可以从低温向高温传热，问题是要耗费外功，所以必须加上"而不引起其他的变化"或类似的条件才行。

(3) 说法正确。

6. 热力学第二定律与第一定律有何区别和联系？

答：热力学第二定律是独立于第一定律的，前者所阐明的问题已超出后者的范围。比如说热力学第一定律对于温度不同的物体之间的换热，只能给出换热数量之间的关系，而不能确定换热的方向，这必须由第二定律给出回答。这就是两个定律的区别所在。

当然，两个定律之间也不能看成毫无联系。例如，热机的排热量及循环功之和与加热量相等，这是热力学第一定律的结果；但排热量不能为零，则是热力学第二定律的内容。从这一点看，有人认为热力学第二定律是第一定律的补充，正表明了这两个定律之间的联系。设想如果没有热力学第一定律，仅用热力学第二定律来分析许多客观现象将是毫无意义的。

7. 将孤立系统熵增原理用于热机可以得出孤立系统(包括热机、热源及冷源)的熵增越大，热机热效率越低。那么，若将孤立系统熵增原理用于制冷机，会得出什么样的结论？

答：当孤立系统(包括制冷机、热源、冷源)熵增越大，制冷机的制冷系数越低，即经济性越差，可以借助于图 2 - 2 所示的模型进行分析。

如图 2 - 2(a)所示，恒温热源为 T_A，恒温冷源为 T_B，逆向运行的卡诺机为 C，当外界输入功 W，从低温热源吸得热量 Q_2，向高温热源排出热量 Q_1，于是热源 T_A、冷源 T_B 及卡诺机组成一个孤立系统。由于系统内进行的是可逆过程，按照孤立系统熵增原理

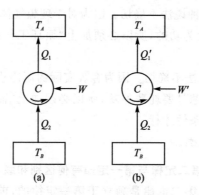

图 2-2　制冷循环系统熵增分析

可有 $\Delta S_{iso} = 0$,即

$$\Delta S_{iso} = \Delta S_{T_A} + \Delta S_c + \Delta S_{T_B} = \frac{Q_1}{T_A} + 0 + \left(-\frac{Q_2}{T_B}\right) = 0$$

整理可得

$$\frac{Q_1}{T_A} = \frac{Q_2}{T_B} \qquad ①$$

制冷系数定义为

$$\varepsilon = \frac{Q_2}{W} \qquad ②$$

现考虑制冷机不是可逆的,而是在过程中存在某种不可逆性,假定仍从冷源吸收与上述可逆循环相同的热量 Q_2(见图 2-2 (b)),则按照孤立系统熵增原理应有 $\Delta S_{iso} > 0$,即

$$\Delta S_{iso} = \frac{Q_1'}{T_A} + 0 + \left(-\frac{Q_2}{T_B}\right) > 0$$

这里假定不可逆性仅为摩擦,而非温差换热,故

$$\Delta S_{T_A} = \frac{Q_1'}{T_A} \quad , \quad \Delta S_{T_B} = -\frac{Q_2}{T_B}$$

于是有

$$\frac{Q_1'}{T_A} > \frac{Q_2}{T_B} \qquad ③$$

而对应此情况,可得制冷系数为

$$\varepsilon' = \frac{Q_2}{W'} \qquad ④$$

比较式①及式③可知 $Q_1' > Q_1$,则由 $Q_1' = Q_2 + W'$ 及 $Q_1 = Q_2 + W$,比较可知

$$W' > W \qquad ⑤$$

于是比较式②及式④可得

$$\varepsilon > \varepsilon'$$

并且可导出多耗费的机械功 $\Delta W = W' - W$ 与孤立系统熵增的关系为

$$\Delta W = W' - W = (Q_1' - Q_2) - (Q_1 - Q_2)$$

$$= Q_1' - Q_1 = Q_1' - \left(T_A \frac{Q_2}{T_B} \right)$$

$$= T_A \left(\frac{Q_1'}{T_A} - \frac{Q_2}{T_B} \right) = T_A \Delta S_{\text{iso}}$$

由此可见,孤立系统熵增越大,多耗费的机械功 ΔW 越大,即意味着制冷系数 ε' 越低。

8.“熵的单值性”与热力学第二定律有没有联系?

答:是有联系的。

假设状态 A 的熵不具有单值性,而是有两个不同的值 s_1、s_2,则在 $p\text{-}v$ 图上(见图 2-3)过状态 A 点将有两条定熵线 s_1、s_2 通过,与定温线 T 交于 B、C 两点,则正循环 $ACBA$ 只从一个热源吸热而做出正功,违反开尔文表述,因此是不能实现的。可见“熵的单值性”与热力学第二定律的开尔文表述实质上是一致的。

9. 试画出热机在三个恒温热源之间工作时的循环图。它的热效率与同温度极限范围的卡诺循环相比哪个大?

答:工作在三个恒温热源之间的热机循环 $ABCDEFA$ 如图 2-4 所示,它的热效率与工作在 T_1 及 T_3 温度范围内的卡诺循环 $ABGFA$ 相比,显然后者的热效率大。这是由于两者平均加

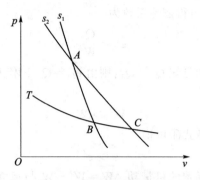

图 2 - 3　熵的单值性分析

热温度相同,而平均放热温度不同,卡诺循环的平均放热温度较低,所以卡诺循环的热效率较高。

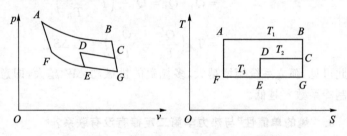

图 2 - 4　三个恒温热源之间的循环效率比较

10. 如图 2 - 5 所示,卡诺循环 14321 和定压加热循环 16521 两者的热效率是否相等?若相等,是否违反卡诺定理?设比热容为定值。

答:热效率相等,这并不违反卡诺定理,证明如下:

卡诺循环热效率为

$$\eta_c = 1 - \frac{T_1}{T_2}$$

而定压加热循环 16521 的热效率为

$$\eta_{t,p} = 1 - \frac{c_p(T_1 - T_6)}{c_p(T_2 - T_5)} = 1 - \frac{T_1 - T_6}{T_2 - T_5}$$

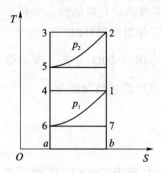

图 2-5　卡诺循环与定压加热循环的比较

$$= 1 - \frac{T_1}{T_2}\left(\frac{1 - \dfrac{T_6}{T_1}}{1 - \dfrac{T_5}{T_2}} \right)$$

由定熵过程 2—1 及 6—5 可得

$$\frac{T_2}{T_1} = \left(\frac{p_2}{p_1} \right)^{\frac{k-1}{k}} = \frac{T_5}{T_6}$$

则

$$\frac{T_6}{T_1} = \frac{T_5}{T_2}$$

于是

$$\eta_{t,p} = 1 - \frac{T_1}{T_2}$$

所以

$$\eta_c = \eta_{t,p}$$

这个结果并不违反卡诺定理，因为这两个循环的工作温度范围并不相同，前者是在 T_2 与 T_1 之间，而后者是在 T_2 与 T_6 之间，这里 $T_6 < T_1$。如果按卡诺定理在同极限温度范围内相比，即相比卡诺循环 76327 与定压加热循环 16521，则前者热效率大于后者，卡诺循环热效率仍为最大。

11. 由热力学第二定律可知，一个系统进行一个循环，仅与一个热源交换热量而做出正功是不可能的。那么是否有可能做负功，或不做功？

答:做负功或不做功是有可能的。分析如下:

将热力学第一定律用于循环时,有

$$\oint dW = \oint dQ \quad 或 \quad W = Q$$

即 W 与 Q 必同号,其可能的情况如下:

① $W > 0, Q > 0$;

② $W < 0, Q < 0$;

③ $W = Q = 0$。

对单热源来说:① 若 $W > 0, Q > 0$,则系统成为从单一热源吸热做出有用功的第二类永动机,这是不能实现的,即不能做出正功。而②、③既不违背第一定律,也不违背第二定律,故能成立,即

$$Q \leqslant 0, \quad W \leqslant 0$$

上式表明单热源的循环做负功或不做功是有可能实现的。

12. 如图 2-6 所示,下列各种情况,哪些是可能实现的?哪些是不可能实现的?

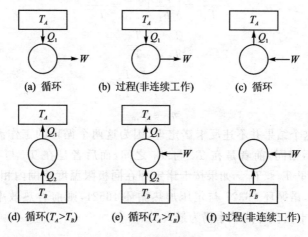

(a) 循环   (b) 过程(非连续工作)   (c) 循环

(d) 循环$(T_A > T_B)$ (e) 循环$(T_A > T_B)$ (f) 过程(非连续工作)

图 2-6 循环分析

答:(a)不可能。

由热源及系统构成的孤立系统有

$$\Delta S_{iso} = \Delta S_{T_A} + \Delta S_Y = -\frac{Q_1}{T_A} + 0 < 0$$

式中，Q_1 为绝对值，工质完成一个循环，所以 $\Delta S_Y = 0$。上式结果违反孤立系统熵增原理，故不可能实现。

(b) 可能(在短暂的时间内)。

当系统进行某一过程(非循环)时，可有

$$\Delta S_{iso} = \Delta S_{T_A} + \Delta S_Y = -\frac{Q_1}{T_A} + \frac{Q_1}{T_Y} \geq 0 \qquad （因为 T_A \geq T_Y）$$

上式结果不违反孤立系统熵增原理，故可能实现。

(c) 可能。

如图 2 - 6(c)所示，可有

$$\Delta S_{iso} = \Delta S_{T_A} + \Delta S_Y = \frac{Q_1}{T_A} + 0 > 0$$

上式结果不违反孤立系统熵增原理，故可能实现。

(d) 不可能。

如图 2 - 6(d)所示，可有

$$\Delta S_{iso} = \Delta S_{T_A} + \Delta S_{T_B} + \Delta S_Y = \frac{Q_1}{T_A} - \frac{Q_2}{T_B} + 0$$

由热力学第一定律可知 $Q_1 = Q_2$，且 Q_1、Q_2 均为绝对值；又因 $T_A > T_B$，所以 $\Delta S_{iso} < 0$，这违反孤立系统熵增原理，故不可能实现。

(e) 当 $(Q_1/Q_2) \geq (T_A/T_B)$ 时，可能实现。

如图 2 - 6(e)所示，可有

$$\Delta S_{iso} = \Delta S_{T_A} + \Delta S_{T_B} + \Delta S_Y = \frac{Q_1}{T_A} - \frac{Q_2}{T_B} + 0$$

当 $(Q_1/Q_2) \geq (T_A/T_B)$ 或 $(Q_1/T_A) \geq (Q_2/T_B)$ 时，$\Delta S_{iso} \geq 0$，这不违反孤立系统熵增加原理，故有可能实现。

(f) 可能实现(在短暂的时间内)。

如图 2 - 6(f)所示，可有

$$\Delta S_{iso} = \Delta S_{T_B} + \Delta S_Y = -\frac{Q_2}{T_B} + \frac{Q_2}{T_Y}$$

因为 $T_B \geqslant T_Y$，这时 $\Delta S_{iso} \geqslant 0$，这不违反孤立系统熵增加原理，故有可能实现。

13. 热力学第二定律不能外推到无限的宇宙中应用，这一结论是否适用于热力学第一定律？

答：适合。因为热力学第一定律和热力学第二定律都是从有限空间和有限时间里由实践经验总结出来的结论。"无限"和"有限"有着根本的不同，"无限"在数学上只是一个概念，人类至今无法进行实践，无限的宇宙究竟是怎样"无限"，我们尚不得而知，所以不应把有限的表现方式应用于无限的宇宙和无限的时间中。

14. 能否利用熵判据来判定时间的先后？

答：可以。利用熵参数能判定自发过程进行的方向，因而也就能判定时间的先后。对不可逆过程的研究指出，进行每一不可逆过程时，总伴随着孤立系统的熵增加。一切实际过程都是不可逆的，所以适当选取系统，也就是把与工质有联系的部分都划到一个大系统之内，则可将它看成是孤立系统，于是已知某一特定时刻大系统的熵大于另一特定时刻的熵，则可判定前者在时间上迟于后者。

15. 温度的上升或下降能否用来判断过程热量交换值的正负？用熵参数的变化能否判断？

答：温度变化趋势是不能单独地用来判断过程交换热量值的正负的。因为加热或放热其温度可以上升，也可以下降，所以温度不能单独地用来判断加热（为正）或放热（为负）。对可逆过程来说，熵产为零，可以用熵的变化来判断加热、放热或绝热。过程中如熵增，则必为加热；如熵减，则必为放热；熵不变则为绝热过程。

16. 孤立系统的熵达到最大值时，系统的状态达到平衡。若孤立系统状态处于平衡，这时孤立系统的熵一定是最大值吗？

答：不一定。

最大熵是孤立系统平衡的充分条件，而不是必要条件。孤立系统虽处于平衡，而熵也有可能不是最大值，例如系统处于亚稳态平衡，这时对于小的起伏来说，它是平衡的，其熵值对其邻近状态而言是极大值，但这仅仅是相对极大值，对于更大的起伏，还存在着熵值更大的状态。例如有些化学反应，在一定的条件下，从热力学的角度来讲是可能的，但实际并不发生，只有当触媒剂参加时才能实现，可见在触媒剂未加入之前，它是处于平衡的，但熵未达最大；只有在触媒剂加入之后，发展到新的平衡，系统的熵才达最大值。

在热力学中如不考虑这种起伏，最大熵也可认为是平衡的充分和必要条件。

17. 能否从熵方程推出克劳修斯等式及不等式？

答：熵方程为

$$dS = dS_f + dS_g = \frac{\delta Q}{T} + dS_g$$

式中，dS_f 为熵流；dS_g 为不可逆因素引起的熵产；δQ 为系统与外界交换的热量；T 为工质的温度。因为 $dS_g \geqslant 0$ 及 T 恒为正值，故

$$dS \geqslant \frac{\delta Q}{T}$$

若热源向系统加热，δQ 为正，同时有

$$T_h \geqslant T$$

T_h 是热源温度，则有

$$dS \geqslant \frac{\delta Q}{T} \geqslant \frac{\delta Q}{T_h}$$

若系统向热源放热，δQ 为负，并且有

$$T_h \leqslant T$$

则仍有

$$dS \geqslant \frac{\delta Q}{T} \geqslant \frac{\delta Q}{T_h}$$

结合以上两种情况,可有

$$dS \geqslant \frac{\delta Q}{T_h}$$

上式即克劳修斯等式及不等式。

18. 可逆循环的熵变为 0,不可逆循环中有不可逆性的熵增,为什么不可逆循环的熵变仍为 0,而不为正值?

答:一个循环,不论是可逆的还是不可逆的,其熵变总为 0,这是因为熵是状态参数,既然工质完成一个循环又回到初态,不论是可逆的还是不可逆的,状态参数熵不应有变化。那么不可逆性引起的熵增表现在哪里呢?可用熵方程来加以说明:

$$dS = \frac{\delta Q}{T} + dS_g$$

式中,$\delta Q/T$ 是系统与外界交换热量所引起的熵变,即熵流,也称热熵流。这一项对一个循环来说,如果是可逆的,应有 $\oint \frac{\delta Q}{T} = 0$,因为这时循环过程中不出现熵产;如果循环是不可逆的,熵产不为 0,而为一正值,这就是不可逆性引起的熵增,而工质完成一不可逆循环其熵变应为 0,故有

$$\oint \frac{\delta Q}{T} < 0$$

由此看来,可逆循环与不可逆循环的 $\oint \frac{\delta Q}{T}$ 是不同的,前者为 0,而后者为负值,这表明它们与外界交换热量所引起的熵流是不同的,但循环的总结果即熵的变化是一样的,即循环熵变总为 0。

19. 如图 2-7 所示,采用可逆绝热或不可逆绝热方式能否使状态 A 变到状态 B? 设(a)$S_A < S_B$;(b)$S_A > S_B$;(c)$S_A = S_B$。

答:如图 2-7(a)所示,用可逆绝热过程不可能实现从 A 到 B,因为 $S_B \neq S_A$。但用不可逆绝热过程是有可能的,因为这不违反孤立系统熵增原理,只要这个不可逆绝热过程能引起熵增,即

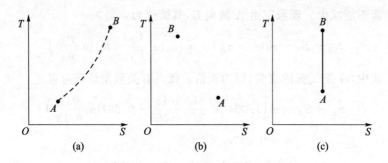

图 2 - 7　可逆绝热与不可逆绝热的对比分析

$S_A < S_B$。

如图 2 - 7(b)所示,由孤立系统熵增原理可知,绝热过程的熵流为零,熵产始终大于等于零,通过绝热方式使系统的熵减小,即 $S_A > S_B$,不论可逆还是不可逆都是不可能的。

如图 2 - 7(c)所示,若 $S_A = S_B$,则通过可逆绝热过程由状态 A 到 B 是可能的,因为这个过程可保持熵保持不变。而试图通过不可逆绝热过程使 A 到 B 是不可能的,因为不可逆绝热过程中熵要增加,而不能保持不变。

20. 绝热的管道中有空气流动,在管道中的 A、B 两点分别测得其气流的静压力及静温度如表 2 - 1 所列,试判断上述气流是从 A 流向 B,还是由 B 流向 A?

表 2 - 1　气流的静压力及静温度

参　数	A	B
静压力/MPa	0.13	0.1
静温度/℃	50	13

答:对于流动着的气体,可以从高压(静压)流向低压,也可以从静压低处向静压高处流动,所以不能单独以静压力高低来判断流动的方向。本题可用热力学第二定律的熵判据来判断流动的方向。因为导管是绝热的,所以沿气流流动方向上气体的熵必增加,

而不能减少。现假定由 A 流向 B，其熵变为

$$\dot{S}_B - \dot{S}_A = \dot{m}(s_B - s_A) = \dot{m}\left(c_p \ln \frac{T_B}{T_A} - R_g \ln \frac{p_B}{p_A}\right)$$

式中，$\dot{m}$ 是气流的流量，恒为正值。代入有关数据计算可得

$$\dot{S}_B - \dot{S}_A = \dot{m}\left(1.004 \ln \frac{273+13}{273+50} - 0.287\ln \frac{0.1}{0.13}\right)$$

$$= -0.047\dot{m} < 0$$

可见由 A 流向 B 是不可能的。反之，应当有 $\dot{S}_B - \dot{S}_A > 0$，即从 B 流向 A。

21. 系统进行某过程时，从热源吸入热量 10 J，而做出 20 J 的功，能否采取可逆绝热过程使系统回到初态？

答：不可能。

在该过程中已知 $Q = 10$ J，$W = 20$ J，则由热力学第一定律解析式求得内能变化为

$$\Delta U = Q - W = 10 - 20 = -10 \text{ J}$$

可见系统在此过程中减少了 10 J 的内能，假定可以用一个可逆绝热过程使其恢复到初态，则在此可逆绝热过程中应有

$$\Delta U' = -W'$$

而 $\Delta U' = -\Delta U$，则 $W' = -10$ J，即外界要向系统做出 10 J 的功，这样一来，与上一过程构成一个循环，它只向热源吸得 10 J 的热量而做出循环净功 10 J，显然这是违反热力学第二定律开尔文说法的，所以原假定用一个可逆绝热过程使其恢复到初态是不可能的。

本题如用热力图分析可知，原过程是一个降温、膨胀的熵增过程，因而不可能采用定熵过程使其恢复到初态。

22. 热力学温标与理想气体温标所表示的温度是否相同？

答：热力学温标与理想气体温标两者所表示的温度是相同的，可证明如下：

（第 2 章　热力学基本定律）

设卡诺机在两个定温热源之间工作,这两个热源温度用热力学温标表示分别为 T_1、T_2;用理想气体温标表示分别为 T_1'、T_2'。用理想气体温标计算卡诺循环可有关系式

$$\frac{Q_1}{Q_2} = \frac{T_1'}{T_2'} \qquad ①$$

式中,Q_1 及 Q_2 分别是热机的吸热量及放热量(绝对值)。又由卡诺定理得到的热力学温标关系式为

$$\frac{Q_1}{Q_2} = \frac{T_1}{T_2} \qquad ②$$

当以水的三相点为上述两种温标的共同定义点时,即取

$$T_2 = T_2' = T_{tr} \quad （水的三相点温度）$$

比较式①及②可有

$$T_1 = T_1'$$

这表明热力学温标与理想气体温标两者所表示的温度是相同的。

23. 试根据热力学第二定律分析:为什么两条绝热线不能相交

答:假设在 P-V 图中两条绝热线交于 C 点,如图 2-8 所示。假想一等温线与两条绝热线分别交于 A 点和 B 点(因为等温线的

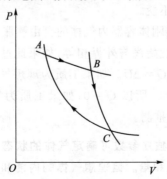

图 2-8　绝热线能否相交的分析

斜率小于绝热线的斜率,所以这样的等温线总是存在的),则在循环过程 $ABCA$ 中,系统在等温过程 AB 中从外界吸取热量 Q,而在循环过程中对外做功 W,其数值等于三条线所围面积(正值)。

循环过程完成后,系统回到原来的状态。根据热力学第一定律,有

$$W = Q$$

这样一来,系统在上述循环过程中就从单一热源吸热并将之完全转化为功了,这违背了热力学第二定律的开尔文说法,是不可能的。因此,两条绝热线不可能相交。

24. 一绝热刚体容器被隔板分成两部分,左边储有高压理想气体,右边为真空。抽去隔板时,气体立即充满整个容器。问工质内能、温度将如何变化?如该刚体容器为绝对导热的,则工质内能、温度又如何变化?

答:以左边气体为对象,由闭口系统热力学第一定律可知 $Q = \Delta U + W$,对于绝热刚体容器内气体的自由膨胀,有 $\delta Q = 0$;且右边为真空,气体没有对外做功对象,有 $W = 0$。所以有 $\Delta U = 0$,即工质的内能不发生变化。如果工质为理想气体,因为理想气体的内能只是温度的单值函数,所以其温度也不变;如果工质为实际气体,则温度未必不变。

对于绝对导热刚体容器内气体的自由膨胀,有 $W = 0$,由于绝对导热,故工质温度始终与外界相等,如果此过程环境不变,则工质温度不变,所以 $Q = \Delta U$。如果工质为理想气体,其温度不变则内能也不变,$\Delta U = 0$,所以 $Q = 0$;如果工质为实际气体,则 $Q = \Delta U$,无法再进一步推测。

25. 知道两个独立参数可确定气体的状态,例如已知压力和比容就可确定内能和焓。但理想气体的内能和焓只取决于温度,与压力、比容无关,前后有否矛盾?应如何理解?

答:不矛盾。理想气体内能和焓只取决于温度,这是由理想

气体本身特性决定的。因为理想气体的分子之间没有相互作用力,也就不存在分子之间的内位能,所以理想气体的内能只包含分子的内动能,即只与温度有关。实际上,已知压力和比容,利用理想气体状态方程便可确定温度,从而确定其内能。而对于焓,由于 $h=u+pv=u+R_gT$,当然也只与温度相关。

26. 理想气体定温膨胀过程中吸收的热量可以全部转换为功,这是否违反热力学第二定律? 为什么?

答:理想气体定温膨胀过程中吸收的热量可以全部转换为功,这个过程不违反热力学第二定律。因为在上述过程中,气体的体积变大,也就是说热量全部转换为功的过程引起了其他变化,所以不违反热力学第二定律。同时,理想气体定温膨胀过程仅仅是一个单独的过程,而并非循环,即这个过程不可能连续不断地将热量全部转换为功,因此上述过程并不违反热力学第二定律。

27. 特征函数有什么作用? 试说明 $v(T,p)$ 是否为特征函数?

答:简单可压缩的纯物质系统的任一个状态参数都可表示成另外两个独立参数的函数。特征函数可以确定系统的特性,即只要知道该特征函数,系统的其他参数都可确定。

$v(T,p)$ 不是特征函数,因为由该函数不能确定其他参数。实际上该函数不包含 s,或者说未与热力学第二定律建立联系。而 $du=Tds-pdv$ 及 h、g、f 的微分定义式均包含 s(本质上是由热力学第一定律和热力学第二定律导出的),显然是不能由 $v(T,p)$ 确定的。对于简单可压缩系统而言,$v(T,p)$ 是基本状态参数的状态方程式,描述的是 T、p、v 之间的热力学关系,并不能通过 $v(T,p)$ 确定其他所有的参数。

第3章　热力学过程

1. 公式 $q = \int_{s_1}^{s_2} T \, ds$ 及 $q = \int_{T_1}^{T_2} c \, dT$ 都能用来计算过程中交换的热量,在选用时这两个公式各有什么特点?

答: 这两个公式都是用来计算过程中热量的,在计算时,前者需要预先知道过程中 T 随着 s 而变的关系,即 $T = f(s)$,才能积分求得。而后者则需知道过程的比热容 $c = \phi(T)$ 才能积分计算。对于求定温过程中的热量,后者公式就无法进行计算(因为这时 $dT = 0, c \to \infty$)。这正是该公式的局限性,而前一个公式却没有这些问题,直接可以得到 $q = T(s_2 - s_1)$(用于定温过程热量计算的公式)。

2. 工程中是否存在多变指数为负值及多变比热容为负值的过程实例?

答: 活塞式内燃机的实际燃烧过程中有一小段可以看成是多变指数为负数的过程,即当活塞到达上止点后,燃料继续燃烧,缸内气体压力仍不断升高,而与此同时活塞向下止点方向移动,即容积变大,这种在膨胀中压力升高的过程,其多变指数为负值。

气瓶实际放气过程则可看成是多变比热容为负数的实例。因为在放气时,瓶内气体温度下降,而同时气体又通过瓶壁从周围环境吸收热量,这种吸热而同时温度下降的过程,其多变比热容为负值。

3. 现有某已知理想气体 m 千克,实测过程曲线为 1→2(见图 3-1),假定它符合多变过程规律,如何确定该过程中 6 个状态参数(压力 p、比容 v、温度 T、比内能 u、比焓 h 及比熵 s)的变化量? 如何计算过程中交换的热量 Q 和功量 W?

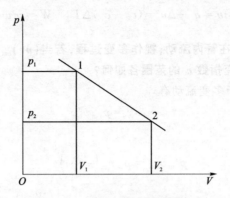

图 3 − 1 某多变过程状态参数图

答：在图 3 − 1 的实测过程曲线上，压力 p 及容积 V 的变化可直接从图上读出数据：p_1、V_1、p_2、V_2，并算出 $\Delta p = p_2 - p_1$，再按下式求出该多变过程的多变指数 n 及多变比热容 c_n：

$$n = \frac{\ln \dfrac{p_2}{p_1}}{\ln \dfrac{V_1}{V_2}}, \qquad c_n = \frac{n-k}{n-1} c_v$$

式中，k、c_v 均为已知的该气体的物性量。从而由下式求得

$$\Delta T = \frac{1}{mR_g} (p_2 V_2 - p_1 V_1)$$

及

$$\Delta v = \frac{1}{m} (V_2 - V_1)$$

式中，m 是气体的质量，R_g 是气体常数，均已知。再由下列各式求得

$$\Delta u = c_v \Delta T$$

$$\Delta h = c_p \Delta T$$

$$\Delta s = c_v \ln \frac{p_2}{p_1} + c_p \ln \frac{V_2}{V_1}$$

$$q = c_n \Delta T, \quad Q = mq$$

$$w = q - \Delta u = (c_n - c_v)\Delta T, \quad W = mw$$

4. 气体在管内流动,视作多变过程,若当 $(pv)_{out} \gtrless (pv)_{in}$ 时,其对应的多变指数 n 的范围各如何?

答: 对于多变流动有

$$p_{in}v_{in}^n = p_{out}v_{out}^n$$

则

$$p_{out}v_{out} = p_{in}v_{in}\left(\frac{v_{in}}{v_{out}}\right)^{n-1}$$

$$\Delta(pv) = (pv)_{out} - (pv)_{in} = (pv)_{in}\left[\left(\frac{v_{in}}{v_{out}}\right)^{n-1} - 1\right]$$

式中,$(pv)_{in} > 0$,现讨论如下:

(1) 若流动是膨胀过程

$$v_{in} < v_{out}, \quad \frac{v_{in}}{v_{out}} < 1$$

则当 $(pv)_{out} \gtrless (pv)_{in}$ 时,应有

$$\left[\left(\frac{v_{in}}{v_{out}}\right)^{n-1} - 1\right] \gtrless 0$$

于是

$$n \lessgtr 1$$

(2) 若流动是压缩过程

$$v_{in} > v_{out}, \quad \frac{v_{in}}{v_{out}} > 1$$

则当 $(pv)_{out} \gtrless (pv)_{in}$ 时,应有

$$\left[\left(\frac{v_{in}}{v_{out}}\right)^{n-1} - 1\right] \gtrless 0$$

于是

$$n \gtrless 1$$

总结以上两种情况示于图 3-2。

5. 轴流压气机的出口截面为何要小于进口截面?

答: 在轴流压气机中,气体被压缩,密度 ρ 变大(比容变小),而平均流速 c_f 变化不大,因此在进、出口流过相同的流量条件

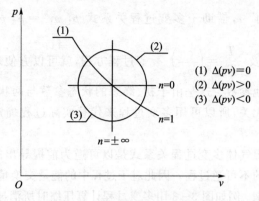

(1) $\Delta(pv)=0$
(2) $\Delta(pv)>0$
(3) $\Delta(pv)<0$

图 3-2 多变指数变化分析

下有

$$\rho_{out}c_{f,out}A_{out}=\rho_{in}c_{f,in}A_{in}$$

由上式可见,压气机出口的截面积 A_{in} 要比进口 A_{in} 小一些。

6. 在分析叶轮机的热力过程时,能否用多变过程来代替叶轮机的实际过程?

答:若仅为了确定初、终态的状态参数,可以当作多变过程计算。若计算叶轮机热力过程中能量的交换,多变过程是不能代替实际过程的。

在分析叶轮机的实际过程时,通常把它看成是一个对外绝热的不可逆过程(过程中的熵是增加的)。例如压气机进、出口状态是可以测定的(如图 3-3 中的 1、2 点),而中间各状态是难以确定的。为了便于分析,常采取在 1、2 之间用一多变过程连接起来的方法,其多变指数 n 由初、终态的参数决定:

$$n=\cfrac{\ln\cfrac{p_2}{p_1}}{\ln\cfrac{p_2}{p_1}-\ln\cfrac{T_2}{T_1}}$$

得到了 n，借助于多变过程关系式 $p_1 v_1^n = p_2 v_2^n$、$\dfrac{p_2}{p_1} = \left(\dfrac{T_2}{T_1}\right)^{\frac{n}{n-1}}$ 及 $\dfrac{T_2}{T_1} = \left(\dfrac{v_1}{v_2}\right)^{n-1}$ 等过程方程，就可以方便地求出初、终态的其他参数。这是由于初、终态的状态参数与两状态间所经历的路径无关，所以可用多变过程来代替实际过程确定初、终态参数。

但理想气体多变过程关系式是以可逆为前提导出的，它毕竟不是实际的不可逆过程。因此对于过程中的能量交换情况两者不能等同起来。例如图 3-3 用多变过程计算压缩时所消耗的技术功为 $-\displaystyle\int_1^2 v\,\mathrm{d}p$，即 $p-v$ 图上面积 12341；而实际压缩所消耗的功由热焓方程得出为 h_1-h_2，如工质为理想气体，则有 $h_1-h_2 = h_{1'}-h_2 = $ 面积 $1'2351'$，显然，面积 $1'2351' >$ 面积 12341，即实际所耗的功比多变压缩所耗的功要大些。可见，从能量交换的角度来说，多变过程是不能代替实际过程的。

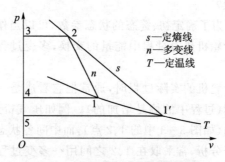

图 3-3　压气机实际过程做功比较

7. 理想气体多变过程是否为毫无规律、包罗一切的过程？

答：理想气体多变过程不是毫无规律、包罗一切的过程。在定义多变过程时要符合下列公式：

$$pv^n = 定值$$

这就是多变过程中参数变化所遵循的规律，那些按照另外一些规律变化的过程，显然并不包含在多变过程之列。另外在推导多变过程有关公式时还假定了可逆过程的条件，可见多变过程不能理解为毫无规律、无所不包的过程。

8. 如图 3 - 4 所示，在相邻的两条定容线上有点 A、点 B 及点 C，若 $T_A = T_B$，$s_A = s_C$，问 A、B 两点的斜率是否相等？A、C 两点的斜率是否相等？（假设为理想气体）

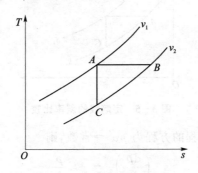

图 3 - 4　定容线的斜率比较

答： 在 T - s 图上，定容过程的关系有

$$\mathrm{d}s = c_v \frac{\mathrm{d}T}{T}$$

或

$$\left(\frac{\mathrm{d}T}{\mathrm{d}s} \right)_v = \frac{T}{c_v}$$

设 c_v＝常数，则

$$\left(\frac{\mathrm{d}T}{\mathrm{d}s} \right)_{v,A} = \frac{T_A}{c_v};$$

$$\left(\frac{\mathrm{d}T}{\mathrm{d}s} \right)_{v,B} = \frac{T_B}{c_v};$$

$$\left(\frac{\mathrm{d}T}{\mathrm{d}s} \right)_{v,C} = \frac{T_C}{c_v};$$

令 $T_A = T_B > T_C$，可得

$$\left(\frac{\mathrm{d}T}{\mathrm{d}s}\right)_{v,A} = \left(\frac{\mathrm{d}T}{\mathrm{d}s}\right)_{v,B} > \left(\frac{\mathrm{d}T}{\mathrm{d}s}\right)_{v,C}$$

9. 如图 3-5 所示,在相邻的两条定熵线上有点 A、点 B 及点 C,若 $p_A = p_B$,$v_B = v_C$,问 A、B 两点的斜率是否相等?B、C 两点的斜率是否相等?(假设为理想气体)

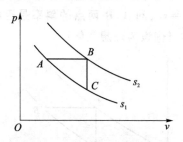

图 3-5 定熵线的斜率比较

答:定熵过程的方程为 $pv^k = $ 常数,则

$$\left(\frac{\mathrm{d}p}{\mathrm{d}v}\right)_s = -k\frac{p}{v}$$

过 A、B、C 各点的切线斜率分别为

$$\left|\left(\frac{\mathrm{d}p}{\mathrm{d}v}\right)_s\right|_A = k\frac{p_A}{v_A}$$

$$\left|\left(\frac{\mathrm{d}p}{\mathrm{d}v}\right)_s\right|_B = k\frac{p_B}{v_B}$$

$$\left|\left(\frac{\mathrm{d}p}{\mathrm{d}v}\right)_s\right|_C = k\frac{p_C}{v_C}$$

由图 3-5 可知 $p_A = p_B$,$v_A < v_B$,$p_B > p_C$,$v_B = v_C$,所以

$$\left|\left(\frac{\mathrm{d}p}{\mathrm{d}v}\right)_s\right|_A > \left|\left(\frac{\mathrm{d}p}{\mathrm{d}v}\right)_s\right|_B$$

$$\left|\left(\frac{\mathrm{d}p}{\mathrm{d}v}\right)_s\right|_B > \left|\left(\frac{\mathrm{d}p}{\mathrm{d}v}\right)_s\right|_C$$

可见它们的斜率彼此并不相等。

10. （1）如图 3 - 6 所示，p - v 图上理想气体的两条定温线之间的水平距离、竖直距离是否处处相等？定熵线的结论是否相同？

（2）如图 3 - 6 所示，T - s 图上定容线之间的水平距离、竖直距离是否处处相等？定压线的结论是否相同？

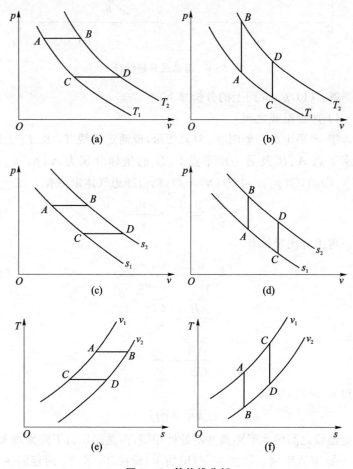

图 3 - 6　等值线分析

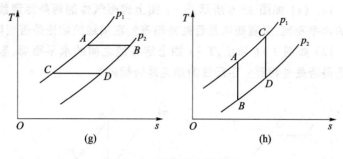

(g)　　　　　　　　　　　　(h)

图 3-6　等值线分析(续)

答：(1) $p-v$ 图上的分析如下：

1) 两定温线之间

① 水平距离。如图 3-6(a)所示，设两定温线 T_1 及 T_2 上同一水平点 A、B 及另一水平点 C、D 的坐标分别为 $A(p_1, v_A)$，$B(p_1, v_B)$，$C(p_2, v_C)$，$D(p_2, v_D)$，则由理想气体定律有

$$\frac{v_B}{v_A} = \frac{T_2}{T_1} = \frac{v_D}{v_C} \qquad ①$$

再由分比定律有

$$\frac{v_B - v_A}{v_A} = \frac{v_D - v_C}{v_C}$$

$$\frac{\overline{AB}}{v_A} = \frac{\overline{CD}}{v_C}$$

或

$$\frac{\overline{AB}}{\overline{CD}} = \frac{v_A}{v_C}$$

这里 $v_C > v_A$，所以

$$\overline{AB} < \overline{CD}$$

即定温线之间的水平距离并不处处相等，而是随压力下降而增大。

② 竖直距离。如图 3-6(b)所示，设在 T_1 及 T_2 两定温线上同一竖直线两点 A、B 及另一竖直线两点 C、D 的坐标分别为 $A(p_A, v_1)$，$B(p_B, v_1)$，$C(p_c, v_2)$，$D(p_D, v_2)$。

由理想气体定律可得

$$\frac{p_B}{p_A} = \frac{T_2}{T_1} = \frac{p_D}{p_C} \qquad ②$$

由分比定律得

$$\frac{p_B - p_A}{p_A} = \frac{p_D - p_C}{p_C}$$

所以

$$\frac{\overline{AB}}{\overline{CD}} = \frac{p_A}{p_C}$$

这里 $p_A > p_C$，所以

$$\overline{AB} > \overline{CD}$$

即定温线之间竖直距离并不处处相等，而是随比容增大而减小。

2）两定熵线之间

仿照以上分析方法，可得如下结论：

① 两定熵线之间的水平距离并不处处相等，而是随压力下降而增大（见图 3-6(c)）。

② 两定熵线之间的竖直距离并不处处相等，而是随比容增大而减小（见图 3-6(d)）。

（2）T-s 图上的分析如下：

1）两定容线之间

① 水平距离。设两定容线 v_1 及 v_2 上（见图 3-6(e)）同一水平点 A、B 及另一水平点 C、D 的坐标分别为 $A(T_1, s_A)$，$B(T_1, s_B)$，$C(T_2, s_C)$，$D(T_2, s_D)$。

由理想气体熵变公式可得

$$s_B - s_A = R_g \ln \frac{v_B}{v_A} = R_g \ln \frac{v_2}{v_1} \qquad ③$$

$$s_D - s_C = R_g \ln \frac{v_D}{v_C} = R_g \ln \frac{v_2}{v_1} \qquad ④$$

即式③及式④的右端相等，所以

$$s_B - s_A = s_D - s_C$$

即

$$\overline{AB} = \overline{CD}$$

所以两定容线之间水平距离处处相等。

② 竖直距离。设两定容线 v_1 及 v_2 上(见图 3-6(f))同一竖直线两点 A、B 及另一竖直线两点 C、D 的坐标分别为 $A(T_A, s_1)$,$B(T_B, s_1)$,$C(T_C, s_2)$,$D(T_D, s_2)$。由理想气体定熵过程公式可得

$$\frac{T_A}{T_B} = \left(\frac{v_B}{v_A}\right)^{k-1} = \left(\frac{v_2}{v_1}\right)^{k-1} \qquad ⑤$$

$$\frac{T_C}{T_D} = \left(\frac{v_2}{v_1}\right)^{k-1} \qquad ⑥$$

即式⑤与式⑥的右端相等,所以

$$\frac{T_A}{T_B} = \frac{T_C}{T_D}$$

由分比定律得

$$\frac{T_A - T_B}{T_B} = \frac{T_C - T_D}{T_D}$$

或

$$\frac{\overline{AB}}{\overline{CD}} = \frac{T_B}{T_D}$$

这里 $T_B < T_D$,则 $\overline{AB} < \overline{CD}$。

即两定容线之间竖直距离并不处处相等,而是随着熵的减小而减小。

2) 两定压线之间

仿照 1) 的分析方法,可得如下结论:

① 两定压线之间水平距离处处相等(见图 3-6(g))。

② 两定压线之间竖直距离并不处处相等,而是随着熵的减小而减小(见图 3-6(h))。

11. 工质为理想气体,任意过程中焓和内能的变化能否在 p-v 及 T-s 图上用面积表示出来?

答:能用面积表示出来。如图 3-7 所示,过程 1→2 任意过程

（若是不可逆的,只要初、终态是平衡态,可改用虚线连接）中焓的
变化量为 $h_2 - h_1$。

现以下列方程为依据：

$$T\mathrm{d}s = \mathrm{d}h - v\mathrm{d}p \qquad ①$$

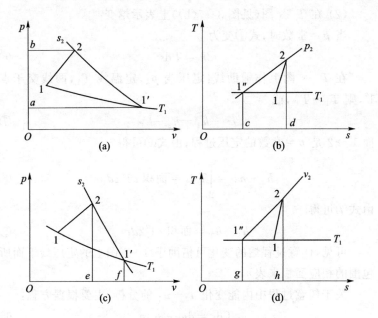

图 3 - 7　内能和焓的面积表示法

（1）在 p-v 图（见图 3 - 7(a)）上表示焓变

当 s＝常数时,式①变为

$$\mathrm{d}h = v\mathrm{d}p \qquad ②$$

在 p-v 图上作辅助线：定温线 T_1,定熵线 s_2,两线交于 $1'$,则
$T_1 = T_{1'}$,或

$$h_2 - h_1 = h_2 - h_{1'} \qquad ③$$

因 $1' \rightarrow 2$ 是 s＝常数的定熵过程,由式②可得

$$h_2 - h_{1'} = \int_{1'}^{2} v\mathrm{d}p = \text{面积 } 1'2ba1' \qquad ④$$

而由式③可得

$$h_2 - h_1 = 面积\ 1'2ba1' \tag{⑤}$$

可见，任意过程的焓的变化可借助于 $p-v$ 图上的定熵线对 p 轴所包围的相应面积来表示。

（2）在 $T-s$ 图（见图 3-7(b)）上表示焓变

当 $p=$ 常数时，式①变为

$$\mathrm{d}h = T\mathrm{d}s \tag{⑥}$$

在 $T-s$ 图上作辅助线：定压线 p_2，定温线 T_1，两线交于点 $1''$，则 $T_1 = T_{1''}$，或

$$h_2 - h_1 = h_2 - h_{1''} \tag{⑦}$$

而 $1'' \to 2$ 是 $p=$ 常数的定压过程，由式⑥可得

$$h_2 - h_{1''} = \int_{1''}^{2} T\mathrm{d}s = 面积\ c1''2dc \tag{⑧}$$

由式⑦可得

$$h_2 - h_1 = 面积\ c1''2dc \tag{⑨}$$

可见，任意过程焓的变化可借助于 $T-s$ 图上的定压线下面所包围的相应面积来表示。

关于任意过程中内能变化 $u_2 - u_1$ 的分析，主要根据方程：

$$T\mathrm{d}s = \mathrm{d}u + p\mathrm{d}v \tag{⑩}$$

仿照（1）对焓的分析方法可得（推导略）：

在 $p-v$ 图上（见图 3-7(c)），借助于定熵线可得

$$u_2 - u_1 = u_2 - u_{1'} = 面积\ f1'2ef \tag{⑪}$$

在 $T-s$ 图上（见图 3-7(d)），借助于定容线可得

$$u_2 - u_1 = u_2 - u_{1''} = 面积\ 1''2hg1'' \tag{⑫}$$

12. 理想气体自由膨胀过程能否在 $p-v$、$T-s$ 及 $h-s$ 图上表示出来？

答：理想气体自由膨胀，也称为无阻膨胀，是一种不平衡过程，除了初、终态（为平衡态）可以在相应的状态参数坐标图上表示

外,中间所经历的途径是无法表示出来的,只能用虚线表示。

由于自由膨胀中系统与外界之间无热量和功的交换,所以内能不变,对于理想气体,即初、终态的温度相等,图 3-8 中的 3 个图都是以此为根据,在初、终态间用虚线示意。

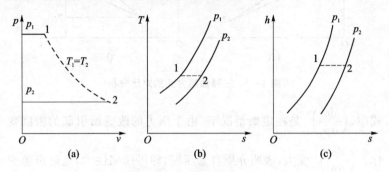

图 3-8　自由膨胀的图示

13. 理想气体由同一初态出发,分别经历定温过程、定容过程、定压过程的不同加热过程至各自的终态,设各过程终态的熵彼此相等,若分别以(1)加热量;(2) 内能变化;(3) 比容之比 v_2/v_1 来做评价,问各过程相互关系如何?

答:由相应的 $p-v$ 及 $T-s$ 图(见图 3-9)可以看出:

(1)　　　　　$Q_v > Q_p > Q_t$

(2) 因为　　　　$T_{2v} > T_{2p} > T_{2t}$

所以　　　$\Delta U_v > \Delta U_p > \Delta U_t = 0$

(3) 因为　　　　$v_{2t} > v_{2p} > v_{2v}$

所以　　　$\dfrac{v_{2t}}{v_1} > \dfrac{v_{2p}}{v_1} > \dfrac{v_{2v}}{v_1}$

14. 如何理解声速与介质可压缩性之间的联系?

答:介质的声速不仅表示压力波在介质中传播的速度,而且还反映介质的可压缩性。由声速公式:

$$a = \sqrt{1 / \left(\frac{\mathrm{d}\rho}{\mathrm{d}p} \right)_s}$$

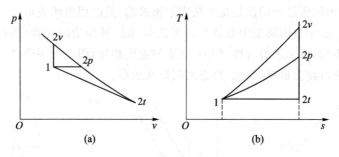

图 3 - 9　三种加热方式的对比分析

式中，$\left(\dfrac{\mathrm{d}\rho}{\mathrm{d}p}\right)_s$ 是在定熵情况下，由于压力的改变所引起的密度变化。$\left(\dfrac{\mathrm{d}\rho}{\mathrm{d}p}\right)_s$ 变大，表明介质容易压缩，即可压缩性大，这时声速变小；反之，压缩性越小的介质即不容易压缩的介质，$\left(\dfrac{\mathrm{d}\rho}{\mathrm{d}p}\right)_s$ 小，声速大。可见，介质的声速大或小，表征介质可压缩性的小或大。

对于流动的气体，仅用声速来判断气流的可压缩性是不够的，因为流动气体的密度变化是由于速度变化引起压力变化而产生的，因此对于流动气体的可压缩性，通常用速度变化所引起的密度变化来加以判断，具体采用密度相对变化率与速度相对变化率之比，即

$$\frac{\mathrm{d}\rho/\rho}{\mathrm{d}\bar{c}_f/\bar{c}_f}$$

对于绝能定熵流动可以导得

$$\frac{\mathrm{d}\rho/\rho}{\mathrm{d}\bar{c}_f/\bar{c}_f} = -\frac{\bar{c}_f{}^2}{a^2} = -Ma^2$$

式中，Ma 是无因次量马赫数。Ma 越大，表明气流的可压缩性越大。比如当 $Ma \leqslant 0.2$ 时，由于气流速度相对变化所引起的密度相对变化在 4% 以下，工程中对这种微小的密度相对变化常常忽略不计，因此对于 $Ma \leqslant 0.2$ 的气体流动，通常认为是不可压缩的流

动,即认为气流的密度是不变的;而当 $Ma>0.2$ 时,就要考虑气流的可压缩性了。工程实际应用中,也常常以 $Ma=0.3$ 作为可压流与不可压流计算的分界线。

15. 温度相同的空气及氧气,其声速是否相同?(假设 $k_{air}=k_{O_2}$)

答:这两种介质的声速是不相同的。

声速公式　　　　　　　　$a=\sqrt{kR_gT}$

已知　　　　　　$k_{air}=k_{O_2}$, 　　$T_{air}=T_{O_2}$

同时　　　　　　$R_{g,air}=287>R_{g,O_2}=260$

可得　　　　　　　　　　$a_{air}>a_{O_2}$

16. 总温必定比静温大吗? 总压必定比静压大吗?

答:是的。根据总、静温及总、静压关系式

$$\frac{T^*}{T}=1+\frac{k-1}{2}Ma^2 \qquad ①$$

$$\frac{p^*}{p}=\left(\frac{T^*}{T}\right)^{\frac{k}{k-1}} \qquad ②$$

式中,T^*、p^* 是定熵滞止温度、定熵滞止压力,又称总温、总压;T、p 是气体流动时所具有的温度和压力,又称静温、静压。因为 $k>1$,所以由式①可知

$$\frac{T^*}{T}>1$$

即 $T^*>T$。再由式②可知

$$\frac{p^*}{p}>1$$

即 $p^*>p$。

17. 定熵流动过程有下列关系:$\frac{p_2}{p_1}=\left(\frac{T_2}{T_1}\right)^{\frac{k}{k-1}}$。如果把 4 个静参数分别换为总参数,由此组成的关系式能否成立?

答：对定熵流动过程来说，这个用总参数表示的关系式也是成立的。现证明如下：

静参数关系式：

$$\frac{p_2}{p_1} = \left(\frac{T_2}{T_1}\right)^{\frac{k}{k-1}} \qquad ①$$

根据总、静参数关系式可分别写出 1 及 2 截面的关系

$$\frac{p_1^*}{p_1} = \left(\frac{T_1^*}{T_1}\right)^{\frac{k}{k-1}} \qquad ②$$

$$\frac{p_2^*}{p_2} = \left(\frac{T_2^*}{T_2}\right)^{\frac{k}{k-1}} \qquad ③$$

将式③/②得

$$\frac{p_2^*}{p_1^*} \cdot \frac{p_1}{p_2} = \left(\frac{T_2^*}{T_1^*}\right)^{\frac{k}{k-1}} \cdot \left(\frac{T_1}{T_2}\right)^{\frac{k}{k-1}} \qquad ④$$

而 1、2 截面间是定熵流动，将式①代入式④即得

$$\frac{p_2^*}{p_1^*} = \left(\frac{T_2^*}{T_1^*}\right)^{\frac{k}{k-1}}$$

由此可见，定熵流动总参数与静参数具有相似的关系式。但要注意，如果是非定熵流动，则上式不能成立。

18. 工质为理想气体的任意过程熵变计算公式为 $\Delta s = c_p \ln \dfrac{T_2}{T_1} - R_g \ln \dfrac{p_2}{p_1}$ ①，把式中静温、静压分别换成总温、总压，即 $\Delta s = c_p \ln \dfrac{T_2^*}{T_1^*} - R_g \ln \dfrac{p_2^*}{p_1^*}$ ②能否成立？

答：此式也能成立。现证明如下：

令 $\tau_1 = T_1/T_1^*$；$\tau_2 = T_2/T_2^*$；$\pi_1 = p_1/p_1^*$；$\pi_2 = p_2/p_2^*$ 或

$$\left.\begin{array}{l} T_1 = \tau_1 T_1^* \,;\ T_2 = \tau_2 T_2^* \\ p_1 = \pi_1 p_1^* \,;\ p_2 = \pi_2 p_2^* \end{array}\right\} \qquad ③$$

将式③代入式①整理后可得

$$\Delta s = c_p \ln \frac{T_2^*}{T_1^*} - R_g \ln \frac{p_2^*}{p_1^*} + \left(c_p \ln \frac{\tau_2}{\tau_1} - R_g \ln \frac{\pi_2}{\pi_1} \right) \quad ④$$

对理想气体有 $c_p = \dfrac{k}{k-1} R_g$，代入式④化简后得

$$\Delta s = c_p \ln \frac{T_2^*}{T_1^*} - R_g \ln \frac{p_2^*}{p_1^*} + R_g \left\{ \ln \left[\frac{\pi_1}{\pi_2} \left(\frac{\tau_2}{\tau_1} \right)^{\frac{k}{k-1}} \right] \right\} \quad ⑤$$

而总、静压及总、静温之间有

$$\left. \begin{aligned} \frac{p_1}{p_1^*} &= \left(\frac{T_1}{T_1^*} \right)^{\frac{k}{k-1}} \; (\text{即} \pi_1 = \tau_1^{\frac{k}{k-1}}) \\[2mm] \frac{p_2}{p_2^*} &= \left(\frac{T_2}{T_2^*} \right)^{\frac{k}{k-1}} \; (\text{即} \pi_2 = \tau_2^{\frac{k}{k-1}}) \end{aligned} \right\} \quad ⑥$$

将式⑥代入式⑤即得用总参数表示的计算熵变公式：

$$\Delta s = c_p \ln \frac{T_2^*}{T_1^*} - R_g \ln \frac{p_2^*}{p_1^*}$$

19. 在不可逆绝能气体流动中，总压下降为什么意味着"损失"？

答：根据热力学第二定律可知，不可逆绝能（无热量、无功量交换）流动过程中熵是增加的，且熵增越大，表明"损失"也越大。同时由热焓方程可知，这时总焓不变，总温不变，即 $T_1^* = T_2^*$，于是应用本章第 18 题计算熵变公式②有

$$s_2 - s_1 = \Delta s = R_g \ln \frac{p_1^*}{p_2^*}$$

这里假定气流由截面 1 流向截面 2。因为这时熵要增加，即 $\Delta s > 0$，所以由上式得到

$$p_1^* > p_2^*$$

总压要下降，而且总压下降得越多，熵增也越大，也就是流动中的"做功能力下降"（或"损失"）越大。

20. 静压和静温能否测量？

答：静压是可以测量的。将测量管口的轴线与气流方向垂直，就可以测量流体的静压。

关于静温测量问题，常采用的接触法测温（把测温元件直接伸到气流中测温）是不可能测得静温的，因为气流流到测温元件上总要发生滞止现象，而不可能保持原来的速度，因而测温元件所感受的不是气流的静温度。静温是根据测得的同一点上的总压、静压及总温，按照总、静参数关系式计算得到的。

21. 理想气体的可逆绝热喷管流动中，总温和总压都是不变的。不可逆过程意味着损失，是否可以认为不可逆绝热喷管流动中的总温和总压都会减小？

答：这样理解是不正确的。从能量守恒的角度看，不论可逆与否，绝能流动的气体总焓是不变的，对于理想气体来说就是总温不变。考虑绝热输出功的情况，不难看出总压反映的是气体的做功能力。当流体由于黏性产生流动损失后，流动损失产生的摩擦热又加入到气流中，故总温是不会发生变化的；但这时的不可逆流动损失造成的熵增（熵产）会引起工质做功能力的损失，即总压的下降。有个典型的例子，通常认为当航空发动机燃烧室的总压损失增加 1% 时，推力大约会下降 0.5%～1%。

22. 如何理解喷管的临界声速和当地声速？

答：临界声速和当地声速是有区别的。每一个截面上都有相应的临界声速和当地声速，前者取决于气流总温，如果各截面上总温相等，则它们的临界声速是一样的；而后者取决于该截面的静温，通常气流的静温在流动中是变化的，所以各个截面上的当地声速并不相同。

23. 对于理想气体，喷管的临界压力比恒等于 0.528 吗？

答：答案是否定的。临界压力比是分析管内流动时一个非常重要的参数，它等于临界压力与总压之比，即 $\beta_{cr} = \dfrac{p_{cr}}{p^*} =$

$\left(\dfrac{2}{k+1}\right)^{\frac{k}{k-1}}$。当截面上工质的压力与总压之比等于临界压力比时，是气流速度从亚声速到超声速的转折点。从定义可知，临界压力比是工质绝热指数或比热比的函数，仅与工质性质有关。当工质为双原子气体时，$k=1.4$，则 $\beta_{cr}=0.528$。对于空气而言，双原子气体为主要成分，因此通常取临界压力比为 0.528。显然当工质的成分不以双原子气体为主体时，临界压力比随之改变。例如航空发动机燃烧后的燃气的主要成分为未燃的 O_2、N_2、CO_2、H_2O（气态）以及 NO_x，这时可按照理想气体混合物计算求得燃气折合的 $c_{p,eq}$ 和 $c_{v,eq}$，以及燃气绝热指数 k，进而换算出新的临界压力比。

24. 有哪些方法可以改变收缩喷管的气体流量？流量能否任意增加？

答：通常通过改变出口与进口的压力比来改变收缩喷管的流量。当压力比达到临界压力比时，流量达到了最大值，因而不可能无限制地增加其流量。改变出口截面积（最小截面）也能达到改变流量的目的。

25. 活塞式压气机压缩过程的多变指数 n 的范围通常认为是 $1\leqslant n\leqslant k$；而叶轮式压气机压缩过程的多变指数 n 的范围通常认为是 $n>k$，这是怎样估计出来的？

答：活塞式压气机压缩过程 n 的范围是以可逆过程来估计的，以可逆绝热和可逆定温作为压缩过程中冷却的两种极端情况，即以 $n=k$ 及 $n=1$ 作为多变指数的极限值，于是在一般冷却条件下的多变指数的范围显然是 $1\leqslant n\leqslant k$。

叶轮式压气机压缩过程 n 的范围是以不可逆绝热为基础来估计的，可逆绝热过程 $n=k$ 作为压缩的极端情况，于是在一般不可逆绝热的压缩过程中熵总要增加的，它所相当的多变过程中 n 的范围显然是 $n>k$。

26. 涡轮及叶轮式压气机的绝热效率 η_c 能反映过程的"损失",另外,该过程(作为不可逆绝热)中的熵增也能反映过程的"损失",那么 η_c 与过程的熵增 Δs 必然有所联系,试导出这种联系的关系式。

答: 如图 3-10 所示,现分别就涡轮及叶轮式压气机导出其相应的关系式。

(1) 涡 轮

图 3-10(a)中 1→2 为涡轮的实际过程,1→2_s 为定熵过程,设比热容为定值,由绝热效率定义有

$$\eta_T = \frac{h_1 - h_2}{h_1 - h_{2,s}} = \frac{(h_1 - h_{2,s}) - (h_2 - h_{2,s})}{h_1 - h_{2,s}}$$

$$= 1 - \frac{h_2 - h_{2,s}}{h_1 - h_{2,s}} = 1 - \frac{T_2 - T_{2,s}}{T_1 - T_{2,s}} \qquad ①$$

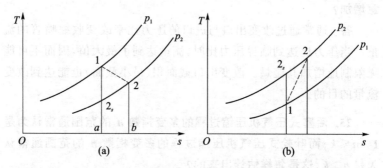

图 3-10 涡轮和叶轮式压气机的热力过程

而 $2_s \to 2$ 是定压过程,有 $\Delta s = c_p \ln \dfrac{T_2}{T_{2,s}}$,则

$$T_2 = T_{2,s}\, \mathrm{e}^{\frac{\Delta s}{c_p}} \qquad ②$$

将式②代入式①得

$$\eta_T = 1 - \frac{T_{2,s}(\mathrm{e}^{\frac{\Delta s}{c_p}} - 1)}{T_1 - T_{2,s}} \qquad ③$$

这就是熵增与绝热效率之间的关系。在分析计算时,初态 p_1、T_1 及终态压力 p_2 一般是已知的,因而 $T_{2,s}$ 就可加以确定。由式③可以看出,过程不可逆性增加(Δs 增大)将导致绝热效率下降,这意味着涡轮中过程的"损失"增大。

(2) 压气机

图 3 - 10(b)中 1→2 为压气机的实际压缩过程,1→2_s 为定熵压缩过程。由绝热效率定义有

$$\eta_c = \frac{h_{2,s} - h_1}{h_2 - h_1} = \frac{h_{2,s} - h_1}{(h_2 - h_{2,s}) + (h_{2,s} - h_1)}$$

$$= \frac{1}{\dfrac{h_2 - h_{2,s}}{h_{2,s} - h_1} + 1} = \frac{1}{1 + \dfrac{T_2 - T_{2,s}}{T_{2,s} - T_1}} \qquad ④$$

而由 2_s→2 有

$$\Delta s = c_p \ln \frac{T_2}{T_{2,s}} \qquad ⑤$$

则

$$T_2 = T_{2,s} e^{\frac{\Delta s}{c_p}} \qquad ⑥$$

将式⑥代入式④得

$$\eta_c = \frac{1}{1 + \dfrac{T_{2,s}(e^{\frac{\Delta s}{c_p}} - 1)}{T_{2,s} - T_1}} \qquad ⑦$$

这就是熵增与绝热效率之间的关系。在分析计算时,初态 p_1、T_1 及终态压力 p_2 是已知的,因而 $T_{2,s}$ 将被确定。由式⑦可知,过程不可逆性的增加(Δs 增大)将导致绝热效率下降,这意味着压气机中过程的"损失"增大。

第4章 工质的热力性质

1. 理想气体和完全气体能否等同?

答: 一般教材中常把理想气体和完全气体当成一回事,例如有的英文教材中常写为"an ideal or perfect gas"或"an ideal (perfect) gas",这表明两者是通用的。参考文献[6]曾特别在附注中说明气体力学课程中为什么采用"完全气体"一词,而不用"理想气体"术语,其理由是为了避免与"理想流体"一词相混淆。另外有些参考书指出了这两个术语之间的某些差异,认为理想气体应满足下列两个关系:

$$pv = R_g T \qquad\qquad ①$$

及
$$\left(\frac{\partial u}{\partial p}\right)_T = 0 \qquad\qquad ②$$

有时也可用下式来代替式②:

$$u = u(T) \qquad\qquad ③$$

当 $u = u(T)$ 是线性函数时,则称这种理想气体为完全气体。可见完全气体应满足下列二式:

$$pv = R_g T \qquad\qquad ④$$
$$u = c_v T \qquad\qquad ⑤$$

式中,定容比热容 c_v 是常数。如果 c_v 是温度的函数,则称为半完全气体(semi-perfect gas)。完全气体或半完全气体均符合式①、式②或式③,所以它们也都是理想气体。目前的教科书没有特别对两者进行区分。

2. 处于高温或低压下的实际气体可当作理想气体看待。这里所谓的"高"和"低"是对谁比较而言的?

答: "高"和"低"本来就是一种相对的用语。一般说来,温度

越高、压力越低的实际气体,就越接近理想气体。有的参考书提出
了一些参考性的比较标准,如高温是指温度要超过 2 倍的临界温
度;低压指压力是一个大气压或更低一些。文献[6]指出,当压力
为零或温度为∞时,实际气体精确地服从理想气体状态方程。在
温度不低于临界温度时,只要压力低于临界压力,则理想气体状态
方程可相当准确地描述这种实际气体。

可见,"高"和"低"并没有一个绝对的标准,主要依据准确度的
要求来定。

3. 有人将 $c_p = \left(\dfrac{\partial h}{\partial T}\right)_p$ 误写为 $c_p = \left(\dfrac{\partial h}{\partial T}\right)_v$,对理想气体和实际气体来说后式能否成立?

答:定压比热容定义为

$$c_p = \left(\frac{\partial h}{\partial T}\right)_p$$

上式对理想气体或非理想气体都适用。而对于理想气体来
说,由于焓 h 只是温度 T 的函数,故有

$$c_p = \frac{\mathrm{d}h}{\mathrm{d}T}$$

而 $\left(\dfrac{\partial h}{\partial T}\right)_v$ 对理想气体来说也就是 $\dfrac{\mathrm{d}h}{\mathrm{d}T}$,所以 $c_p = \left(\dfrac{\partial h}{\partial T}\right)_v$ 对理想
气体是成立的(当然这时写偏导数是无意义的)。但对于实际气体
来说,焓 h 是两个独立状态参数的函数,并非仅是温度的函数,
所以

$$\left(\frac{\partial h}{\partial T}\right)_v \neq \left(\frac{\partial h}{\partial T}\right)_p = c_p$$

即 $c_p = \left(\dfrac{\partial h}{\partial T}\right)_v$ 是不能成立的。

4. 定容比热容 c_v 及定压比热容 c_p 是状态的函数吗?

答:均匀简单可压缩系统中 c_v 及 c_p 都是状态的函数。由

定义：

$$c_v = \left(\frac{\partial u}{\partial T}\right)_v$$

$$c_p = \left(\frac{\partial h}{\partial T}\right)_p$$

因为 $u = u(T, v)$，$h = h(T, p)$，所以 c_v 及 c_p 都是状态参数的函数，即状态的函数。另外，从坐标图上也能判知这一结论。在工质的 T、u 及 v 的三坐标图上，$u = u(T, v)$ 是这个坐标图的一个曲面，在 $v =$ 常数的平面所截出的曲线上过任一点的切线只有一条，这条切线的斜率就是 $\left(\frac{\partial u}{\partial T}\right)_v$。可见曲线上每一点只有一个 c_v 值，即 c_v 是状态的函数。类似上述分析，在 T、h 及 p 的坐标图上，也可得知 c_p 是状态的函数。当然，这里的 c_v 及 c_p 均指工质的真实比热容。

5. 物性量是否都是状态函数？

答：物性量是描述工质性质的物理量，因此它必然是工质状态参数的函数。如：

定容比热容 $\qquad c_v = \left(\frac{\partial u}{\partial T}\right)_v$

定压比热容 $\qquad c_p = \left(\frac{\partial h}{\partial T}\right)_p$

热膨胀系数 $\qquad \alpha = \frac{1}{v}\left(\frac{\partial v}{\partial T}\right)_p$

定温压缩系数 $\qquad \beta_T = -\frac{1}{v}\left(\frac{\partial v}{\partial p}\right)_T$

定熵压缩系数 $\qquad \beta_s = -\frac{1}{v}\left(\frac{\partial v}{\partial p}\right)_s$

焦耳-汤姆逊系数 $\qquad \mu_j = \left(\frac{\partial T}{\partial p}\right)_h$

由上述各表达式可以看出，所有这些物性量都是状态参数的函数,也可以说它们都是状态的函数。

6. 在以什么状态参数构成的坐标轴的热力图上,c_p 为该坐标图中曲线的斜率?这种曲线是什么样过程的曲线?

答:在以焓 h 作为纵坐标轴和温度 T 作为横坐标轴所构成的热力图上(见图 4-1),定压线上各点的斜率就是相应状态的 c_p,因为 $c_p = (\partial h/\partial T)_p$。

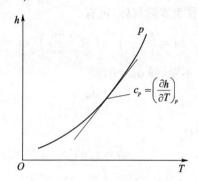

图 4-1　定压过程的 h-T 图

7. 理想混合气体的($c_p - c_v$)是否仍遵循迈耶定律?

答:同样遵循迈耶定律,简单证明如下:

$$c_p = \sum w_i c_{p,i}, \quad c_v = \sum w_i c_{v,i}$$

$$c_p - c_v = \sum w_i (c_{p,i} - c_{v,i}) = \sum w_i R_{g,i} = R_{g,\text{eq}}$$

其中,$R_{g,\text{eq}}$ 为理想气体混合物的折合气体常数。

8. 为什么在计算理想混合气体中组元气体的熵时必须采用分压力而不能用总压力?

答:因为理想混合气体中各组元分压力的状态是其实际的状态,熵是状态参数,计算组元气体的熵时必须用其状态参数即分压力。

混合气体中各组分的参数都是按照与混合气体相同的温度和占据相同的体积来确定的,这与道尔顿分压力定律中分压力的条

件是一致的,也说明分压力的条件比较真实地反映了实际情况。所以计算混合气体的熵时采用如下等式:

$$ds = \sum w_i c_{p,i} \frac{dT}{T} - \sum w_i R_{g,i} \frac{dp_i}{p}$$

9. 公式 $\Delta u = \int_{T_1}^{T_2} c_v dT$ 是否适用水蒸气的定容加热过程?

答:水蒸气作为实际气体,可有

$$du = \left(\frac{\partial u}{\partial T}\right)_v dT + \left(\frac{\partial u}{\partial v}\right)_T dv \qquad ①$$

在定容过程中 v 不变,即 $dv = 0$,而

$$c_v = \left(\frac{\partial u}{\partial T}\right)_v \qquad ②$$

将式②代入式①有

$$du = c_v dT$$

或

$$\Delta u = \int_{T_1}^{T_2} c_v dT \qquad ③$$

可见,对水蒸气的定容过程,式③能适用。

10. 湿蒸气有下列关系: $h_x = h''x + (1-x)h'$,$v_x = v''x + (1-x)v'$,模仿上述规律,干度为 x 的湿蒸气密度 ρ_x 是否可写为 $\rho_x = \rho''x + (1-x)\rho'$?上式中 h_x、v_x 分别是干度为 x 的比焓、比容,右上角标注的"'"及"''"分别表示饱和水及干饱和蒸气的参数。

答:这种模仿写法是不能成立的。因为

$$v_x = v''x + (1-x)v' \qquad ①$$

将 $v_x = \dfrac{1}{\rho_x}$ 代入式①可有

$$\frac{1}{\rho_x} = \frac{1}{\rho''}x + (1-x)\frac{1}{\rho'} \qquad ②$$

显然,由式②不能导出 $\rho_x = \rho''x + (1-x)\rho'$。

11. 湿蒸气能否用 $\Delta h = c_p \Delta T$ 来计算定压过程的焓变?

答：上述公式不适用湿蒸气定压过程。因为该公式成立的条件是系统中工质具有下列性质：

$$h = h(p,T) \qquad ①$$

即工质的焓是压力和温度两个独立参数的函数，由此才能导出 $\Delta h = c_p \Delta T$，现推导这个关系式如下：

由式①可有

$$dh = \left(\frac{\partial h}{\partial T}\right)_p dT + \left(\frac{\partial h}{\partial p}\right)_T dp \qquad ②$$

对于实际气体的定压过程 $dp = 0$，从而得到

$$dh = c_p dT$$

或
$$\Delta h = c_p \Delta T \qquad ③$$

而如今对湿蒸气而言，压力和温度不是两个独立参数，不具有式①的性质，因此由式①导出的式③也不适用。关于湿蒸气区中焓的变化量 Δh 的计算，可推导如下：

$$h = xh'' + (1-x)h'$$

或
$$dh = h''dx - h'dx = (h''-h')dx$$

即
$$dh = r dx$$

积分后得

$$\Delta h = r \Delta x$$

式中，r 是蒸气的汽化潜热。

12. 试说明：凡是 $\left(\dfrac{\partial V}{\partial T}\right)_p > 0$ 的工质（如一切气态物质及某些液体），它在 $p\text{-}v$ 图上的定温线分布规律总是从左至右温度越来越高；而 $\left(\dfrac{\partial V}{\partial T}\right)_p < 0$ 的工质（如水在 0～4 ℃ 的性质），其定温线分布规律与上述恰恰相反。

答：在 $p\text{-}V$ 图上（见图 4-2）作定压线 AB，并在其上取点 1、2（使 $V_2 > V_1$），同时分别作定温线 T_1、T_2。若工质

$$\left(\frac{\partial V}{\partial T}\right)_p > 0$$

在定压线上 $\Delta V = V_2 - V_1 > 0$，则应有 $\Delta T = T_2 - T_1 > 0$，于是

$$T_2 > T_1$$

即定温线的温度较高者应在右方。

若 $\left(\dfrac{\partial V}{\partial T}\right)_p < 0$，则有 $T_2 < T_1$，其定温线的温度较高者应在

左方。

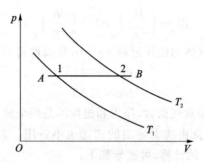

图 4 - 2 定温线簇分布规律

13. 不论何种工质，在 $p-v$ 图上，它的定熵线总是比定温线
陡峭一些吗？

答：是的。现证明如下：

熵的全微分方程为

$$ds = \frac{c_v}{T}dT + \left(\frac{\partial p}{\partial T}\right)_v dv \qquad ①$$

用于定熵过程时，式①变为

$$c_v + T\left(\frac{\partial p}{\partial T}\right)_v \left(\frac{\partial v}{\partial T}\right)_s = 0 \qquad ②$$

式中

$$\left(\frac{\partial p}{\partial T}\right)_v = -\left(\frac{\partial v}{\partial T}\right)_p \left(\frac{\partial p}{\partial v}\right)_T \qquad ③$$

又由麦克斯韦关系式 $\left(\dfrac{\partial T}{\partial v}\right)_s = -\left(\dfrac{\partial p}{\partial s}\right)_v$ 可得

$$\left(\frac{\partial v}{\partial T}\right)_s = -\left(\frac{\partial s}{\partial p}\right)_v = \frac{(\partial s/\partial v)_p}{(\partial p/\partial v)_s} \qquad ④$$

将式③、式④代入式②经整理后可得

$$\frac{(\partial p/\partial v)_T}{(\partial p/\partial v)_s} = \frac{c_v}{T} \cdot \frac{1}{\left(\frac{\partial v}{\partial T}\right)_p \left(\frac{\partial s}{\partial v}\right)_p}$$

或
$$\frac{(\partial p/\partial v)_T}{(\partial p/\partial v)_s} = \frac{c_v}{T} \cdot \frac{1}{\left(\frac{\partial s}{\partial T}\right)_p} \qquad ⑤$$

由比热容关系式

$$c_p = T\left(\frac{\partial s}{\partial T}\right)_p \qquad ⑥$$

即
$$\left(\frac{\partial s}{\partial T}\right)_p = \frac{c_p}{T} \qquad ⑦$$

将式⑦代入式⑤得

$$\frac{(\partial p/\partial v)_T}{(\partial p/\partial v)_s} = \frac{c_v}{c_p}$$

或
$$\left(\frac{\partial p}{\partial v}\right)_s = \frac{c_p}{c_v}\left(\frac{\partial p}{\partial v}\right)_T \qquad ⑧$$

对一切工质均有 $c_v < c_p$，故由式⑧得知，在 p-v 图上过同一点的定熵线总是比定温线陡峭一些。

14. 气、液、固三相的相图如何得到？

答：单质气、液、固三相的 p,V,T 相图，即 $f(p,V,T)=0$ 的关系图如图 4-3(a)所示，它是一个复杂的曲面。若垂直于温度轴作一等温面，则得到相应的 p-V 图（见图 4-3(b)）；若垂直于容积轴作一等容积面，则得到相应的 p-T 图（见图 4-3(c)）。

15. 如图 4-4 所示，当沿着 adb 绕过临界点 K 进行液→气的转变时，有无相变现象出现？

答：若沿 acb 进行，显然有相变现象发生。如今沿 adb 进行，因为没有穿过相变区，所以过程中任一点上都不发生相转变，即工质的密度、压力、温度等物性参数在整个时间内保持均匀，在这种

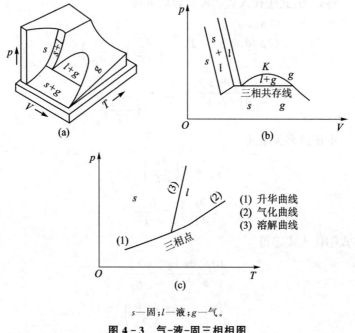

s—固；l—液；g—气。

图 4 - 3　气-液-固三相相图

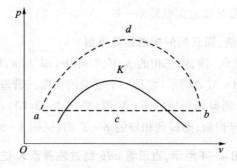

图 4 - 4　气-液相变分析

情况下要指出什么地方发生液体到气体的相转变是不可能的，也就是说，在高温下（因这时已处于临界温度附近）要区分液体状态和气体状态是不可能的，这是由于临界区以及临界以上的区域，液体与气体之间没有原则上的差别,具体地说,在高温下液体分子的相互作用特性和气体分子的相互作用特性是相同的。因此,液体和气体可以看作只是在数量上相互有差别的两种各向同性的相。

16. 湿空气的含湿量 d 较大,能否肯定相对湿度 ϕ 也较大?

答:不一定。由 d 与 ϕ 的关系式:

$$d = 0.622 \frac{p_v}{p - p_v} = 0.622 \frac{\phi p_{max}}{p - \phi p_{max}}$$

式中,p 是大气压力;p_v 是湿空气中水蒸气分压力;p_{max} 是在大气温度下水蒸气可能达到的最大分压力,它随温度而变。所以含湿量 d 尽管相同,但大气温度不同,p_{max} 就不同,因而相对湿度 ϕ 也不同,其大小将视温度而定,这一点从湿空气的焓湿图上可以看得非常清楚。所以含湿量大,并不一定意味着相对湿度也大。

17. 在空气潮湿地区进行发动机试车,发现其输出功率要比空气较干燥地区(设其他条件相同)小一些,这是为什么?

答:这是由于两个地区空气密度不同所造成的。分析如下:干空气分子量 $M_a = 28.9$,水蒸气的分子量 $M_v = 18$,按理想气体考虑,因 $M_a > M_v$,故有 $R_{g,a} < R_{g,v}$。大气可认为是干空气与水蒸气的混合气,其分子量 M 应介于 M_a 与 M_v 之间,而且随着大气中水蒸气含量多或少,M 也分别向 M_v 或 M_a 接近(可从混合气体分子量计算公式判断得知)。以 M_{wet}、M_{dry} 分别表示两地区大气的分子量,则有 $M_a > M_{dry} > M_{wet} > M_v$,或 $R_{g,dry} < R_{g,wet}$。若两地区试车时的大气压力 p 及气温 T 相同,根据理想气体状态方程可有

$$\rho_{dry} \cdot R_{g,dry} = \rho_{wet} \cdot R_{g,wet}$$

由上式可知 $\rho_{dry} > \rho_{wet}$。若发动机单位时间吸入相同容积(m^3)的大气,则潮湿地区发动机吸入的质量流量比干燥地区要少,因此发动机功率随吸入大气的质量流量减少而下降。

18. 湿空气与湿蒸气是不是同一种工质?

答:湿空气和湿蒸气是两种不同的工质。

湿空气是由干空气和水蒸气组成的混合气。湿蒸气是由干饱和汽和饱和水组成的混合物。两者相似之处只是均为混合物;而不同之处是湿空气为单相(气相),其组成物质的成分不同;湿蒸气是两相(液相+气相),其组成物质的成分是相同的(均为 H_2O)。

19. 下列各式哪些只适用于可逆过程? 哪些对可逆或不可逆过程都适用?

(1) $\delta q = du + p\,dv$;

(2) $Tds = du + \delta w$;

(3) $\delta q = dh - v\,dp$;

(4) $Tds = du + p\,dv$;

(5) $Tds = dh - v\,dp$。

式中,δq 及 δw 分别是含有 1 千克工质的系统与外界交换的热量及功量。u、p、v、T、s 及 h 分别是工质的比内能、压力、比容、温度、比熵及比焓。

答:(1)、(2)及(3)只适用于可逆过程,而(4)和(5)对可逆或不可逆过程都适用。分析如下:

由热力学第一定律导出的能量方程为

$$\delta q = du + \delta w$$

对可逆或不可逆过程均适用。在代入 $\delta q = Tds$ 或 $\delta w = p\,dv$ 之后,因为它是只适用于可逆条件的,所以(1)及(2)就只能适用于可逆过程。(3)是由(1)演变而来的,即

$$\delta q = du + p\,dv = du + d(pv) - d(pv) + p\,dv$$

得 $$\delta q = dh - v\,dp$$

所以(3)也只适用于可逆过程。

当同时将 $\delta q = Tds$ 及 $\delta w = p\,dv$ 代入热力学第一定律的能量方程之后得到

$$Tds = du + p\,dv$$

或 $$Tds = dh - v\,dp$$

显然,以上二式对可逆过程无疑是适用的,需要注意的是以上

二式中各物理量皆为系统的状态参数,也就是说以上二式已成为系统的状态参数关系式,而不包含有过程量 δq 及 δw 等,根据状态参数特性,以上二式对不可逆过程也适用。但式中 $p\,\mathrm{d}v$ 和 $T\,\mathrm{d}s$ 不再代表不可逆过程中的容积功和热量。

20. 如何借助于热力学一般关系式求得某种气体的状态方程?

答:这里介绍一种由两个独立参数决定状态的气体状态方程确定方法。设该气体有

$$v = v(T,p)$$

则
$$\mathrm{d}v = \left(\frac{\partial v}{\partial p}\right)_T \mathrm{d}p + \left(\frac{\partial v}{\partial T}\right)_p \mathrm{d}T \qquad ①$$

或
$$\frac{\mathrm{d}v}{v} = \frac{1}{v}\left(\frac{\partial v}{\partial p}\right)_T \mathrm{d}p + \frac{1}{v}\left(\frac{\partial v}{\partial T}\right)_p \mathrm{d}T \qquad ②$$

而定压热膨胀系数为
$$\alpha = \frac{1}{v}\left(\frac{\partial v}{\partial T}\right)_p \qquad ③$$

定温压缩系数为
$$\beta_T = -\frac{1}{v}\left(\frac{\partial v}{\partial p}\right)_T \qquad ④$$

将式③和式④代入式②得
$$\frac{\mathrm{d}v}{v} = \alpha\,\mathrm{d}T - \beta_T\,\mathrm{d}p \qquad ⑤$$

积分后即得状态方程
$$\ln v = \int(\alpha\,\mathrm{d}T - \beta_T\,\mathrm{d}p) \qquad ⑥$$

由式⑥可以看出,仅凭热力学一般关系式无法具体确定其状态方程,还必须通过实验找到 α 与 β_T 的具体函数关系,才能代入式④积分求得具体的状态方程式。

21. 麦克斯韦关系式太难记,有无"规律"帮助记忆?

答:有。现推荐一种方法(见图 4-5),其要领如下:

① 首先要记住麦氏关系式是 s,p,v,T 四个参数之间的偏导

数关系式；

② 在方框内按照书写的习惯（从上到下，从左到右）顺次写下这四个字母；

③ 按照横实、竖虚的原则在四个字母间划上箭头（包括实线箭头和虚线箭头）；

④ 写出偏导数关系式。其原则是：a. 每一个箭头构成一个偏导数，对角的字母就是偏导数的约束量；b. 同向两箭头构成一列偏导数等式；c. 实线代表正的偏导数关系，虚线代表负的偏导数关系。如横向的有 $\left(\dfrac{\partial s}{\partial v}\right)_T = \left(\dfrac{\partial p}{\partial T}\right)_v$ 及 $\left(\dfrac{\partial v}{\partial s}\right)_p = \left(\dfrac{\partial T}{\partial p}\right)_s$；竖向的有 $\left(\dfrac{\partial s}{\partial p}\right)_T = -\left(\dfrac{\partial v}{\partial T}\right)_p$ 及 $\left(\dfrac{\partial p}{\partial s}\right)_v = -\left(\dfrac{\partial T}{\partial v}\right)_s$。

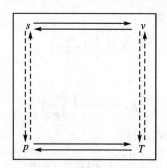

图 4-5 麦克斯韦关系式记忆图

以上所述方法的关键是四个字母的顺序（$s \to p \to v \to T$）及在方框内的位置不能弄错。

22. 推导状态参数的偏导表达式较难记忆和推导（例如以 p，v，T 及 c_v 表达的 $(\partial T/\partial v)_u$ 关系式），有无一些线索可供参考？

答：可以提供一点线索作为参考。

一般工程热力学中所遇到的状态参数有 p,v,T,u,h,s,f（比自由能）及 g（比自由焓）8 个，由它们组成的偏导数如 $\left(\dfrac{\partial v}{\partial p}\right)_T$，

$\left(\dfrac{\partial h}{\partial s}\right)_g$，……总共有 336 个。为了能顺利推导所需结果，首先要熟悉下列必备知识：

① 熟记用 8 个不同参数表达的热力学基本关系式，形式如下：

$$du = T ds - p dv$$
$$dh = T ds + v dp$$
$$df = -s dT - p dv$$
$$dg = -s dT + v dp$$

② 熟记这 8 个参数的偏导数关系式——麦克斯韦关系式（详见本章第 21 题）以及 c_p、c_v 的表达式：

$$c_p = \left(\frac{\partial h}{\partial T}\right)_p = T\left(\frac{\partial s}{\partial T}\right)_p$$

$$c_v = \left(\frac{\partial u}{\partial T}\right)_v = T\left(\frac{\partial s}{\partial T}\right)_v$$

③ 灵活运用有关的数学关系式，如 $F = F(A, B)$，则全微分表达式为

$$dF = \left(\frac{\partial F}{\partial A}\right)_B dA + \left(\frac{\partial F}{\partial B}\right)_A dB$$

还可有以下偏导数关系：

$$\left(\frac{\partial A}{\partial B}\right)_F = \frac{1}{(\partial B/\partial A)_F}$$

$$\left(\frac{\partial B}{\partial A}\right)_F = \frac{(\partial B/\partial C)_F}{(\partial A/\partial C)_F}$$

这里 C 是除 A，B 以外的其他参数。

$$\left(\frac{\partial A}{\partial B}\right)_F = -\frac{(\partial A/\partial F)_B}{(\partial B/\partial F)_A} = -\frac{(\partial F/\partial B)_A}{(\partial F/\partial A)_B}$$

或
$$\left(\frac{\partial A}{\partial B}\right)_F \cdot \left(\frac{\partial B}{\partial F}\right)_A \cdot \left(\frac{\partial F}{\partial A}\right)_B = -1$$

上式又称为循环关系式。

应用以上热力学关系及数学关系,可以将现有的参数和偏导数置换成所需要的参数和偏导数。下面结合实例分析推导的线索。

例如:求以 p,v,T 及 c_v 表达的 $(\partial T/\partial v)_u$ 关系式。

分析思路: 根据题意要求最后表达式中只能包含有 p,v,T 及 c_v 等量,而 u,h,f,g,s 都是不合要求的参数,必须加以置换。置换的方法一般是将这些参数变换到导数的分子位置上,这样才有可能应用前述①或②的热力学关系将其置换为所需要的参数形式。如果这些不合要求的参数是偏导数的约束量(如 $(\partial T/\partial v)_u$ 中的 u),则要应用循环关系式将 u 变换到导数的分子位置上再加以置换。

本题推导的第一步是将 u 变换到偏导数的分子位置上:

$$\left(\frac{\partial T}{\partial v}\right)_u = -\frac{(\partial T/\partial u)_v}{(\partial v/\partial u)_T} = -\frac{(\partial u/\partial v)_T}{(\partial u/\partial T)_v}$$

第二步则要应用热力学关系将 u 置换为所需要的参数,这里选用 $du = Tds - pdv$,于是可得

$$\left(\frac{\partial u}{\partial v}\right)_T = T\left(\frac{\partial s}{\partial v}\right)_T - p$$

$$\left(\frac{\partial u}{\partial T}\right)_v = T\left(\frac{\partial s}{\partial T}\right)_v$$

代入第一步等式得

$$\left(\frac{\partial T}{\partial v}\right)_u = -\frac{T\left(\dfrac{\partial s}{\partial v}\right)_T - p}{T\left(\dfrac{\partial s}{\partial T}\right)_v}$$

显然,替换的结果又出现了新的不需要的参数 s,利用现成的热力学关系(也可进一步变换)得到

$$c_v = T\left(\frac{\partial s}{\partial T}\right)_v \quad \text{及} \quad \left(\frac{\partial s}{\partial v}\right)_T = \left(\frac{\partial p}{\partial T}\right)_v$$

于是最后得到符合题意要求的结果为

$$\left(\frac{\partial T}{\partial v}\right)_u = \frac{p - T\left(\dfrac{\partial p}{\partial T}\right)_v}{c_v}$$

23. 由热力学第一定律解析式 $du = \delta q - p\,dv$ 可导出下列二式

(1) $du = T\,ds - p\,dv$；

(2) $du = c\,dT - p\,dv$。

再分别由以上二式的全微分性质可得

由(1)得
$$\left.\begin{aligned}
T &= \left(\frac{\partial u}{\partial s}\right)_v \\[4pt]
-p &= \left(\frac{\partial u}{\partial v}\right)_s \\[4pt]
-\left(\frac{\partial p}{\partial s}\right)_v &= \left(\frac{\partial T}{\partial v}\right)_s
\end{aligned}\right\} \qquad ①$$

由(2)得
$$\left.\begin{aligned}
c &= \left(\frac{\partial u}{\partial T}\right)_v \\[4pt]
-p &= \left(\frac{\partial u}{\partial v}\right)_T \\[4pt]
-\left(\frac{\partial p}{\partial T}\right)_v &= \left(\frac{\partial c}{\partial v}\right)_T
\end{aligned}\right\} \qquad ②$$

这两组结果,哪一组对? 为什么?

答：公式①是对的,公式②是错的。其错误的原因在于式②ＣＤＴ$du = c\,dT - p\,dv$ 不是全微分表达式,这里 $\delta q = c\,dT,c$ 是过程比热容,与过程路径有关,它不是状态参数,按照全微分方程的数学性质应有

$$df(x,y) = M(x,y)dx + N(x,y)dy$$

而这里不存在 $c = c(T,v)$,所以式②不是全微分方程,因而式②不能成立。

24. 理想气体扩散混合的熵变应该怎么计算?

答：气体混合过程是不可逆过程,如果对外绝热,则是不可逆

绝热过程。从微观看,混合过程是分子互相扩散的过程,根据熵的统计意义可知,扩散过程是由热力学概率较小到较大的过程,所以系统的熵要增加。下面以图 4-6 的 n 种气体混合过程分析扩散混合过程的熵变(系统对外界绝热)。

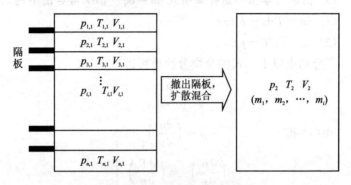

图 4-6　理想气体扩散混合

第 n 种气体的熵变可用如下等式计算:

$$\Delta S_{12,i} = m_i \left(c_{p,i} \ln \frac{T_2}{T_{i,1}} - R_{g,i} \ln \frac{p_{2,i}}{p_{i,1}} \right)$$

则所有气体混合过程的比熵变为

$$\Delta s_{12} = \sum_{i=1}^{n} \frac{m_i}{m} \Delta s_{12,i} = \sum_{i=1}^{n} \omega_i \left(c_{p,i} \ln \frac{T_2}{T_{i,1}} - R_{g,i} \ln \frac{p_{2,i}}{p_{i,1}} \right)$$

若混合前各组分气体的温度及压力分别相等,混合后的温度及压力也分别与混合前相等,则除了"混合"这一不可逆因素造成的熵产外,再没有任何其他不可逆(如不等温、不等压等)因素造成的熵产,因此产生的熵产也称为混合熵增。

将上式继续推导可得

$$\Delta S_{12} = \sum_{i=1}^{n} m_i \Delta s_{12,i} = \sum_{i=1}^{n} m_i \left(c_{p,i} \ln \frac{T_2}{T_{i,1}} - R_{g,i} \ln \frac{p_{2,i}}{p_{i,1}} \right)$$

$$= \sum_{i=1}^{n} m_i \left(- R_{g,i} \ln \frac{p_{2,i}}{p_2} \right)$$

$$= \sum_{i=1}^{n} m_i (-R_{g,i} \ln x_i)$$

或　　　　　　　$$\Delta S_{12} = R \sum_{i=1}^{n} n_i \ln(1/x_i)$$

可见,混合气体中组元的摩尔成分 $x_i < 1$,所以 $\Delta S_{12} > 0$,混合过程的熵总是增加的。显然,在这样一个绝热、等压、等温的混合过程中,总熵增就是混合熵增。

值得注意的是,混合熵变是绝对不能用分体积来计算的。因为分体积的状态不是物质原来的状态,而是一个假想的状态,或者是混合前的状态。从这一点来看,分压力的状态与真实状态更接近。

25. 不同种类气体的混合熵变可用第 24 题的分析方法计算,那么同种气体混合的熵变该如何计算呢?

答: 由第 24 题可知,对于不同种气体 A 和 B 的混合,由于 $x_i < 1$,故只要发生混合,总有 $\Delta S_{mix} > 0$,而且这个熵增完全是由于 $x_i < 1$ 引起的。从数学上还可以证明,组元数目越多(n 越大),x_i 分布越均匀,分子排列秩序就越混乱,混合熵增越大。如果 A、B 气体是同种气体,则只有一种气体而没有混合,$x_i = 1$,则混合熵增为零。对于同种气体也不存在分压力,也就不存在"不同"分子之间混合的混乱程度。

26. 若理想气体在某一可逆过程中的比热容 c_n 是个常数,能否证明该过程是多变过程? 多变指数表达式是什么? 假设气体的 c_p, c_v 为常量,且为理想气体。

答: 根据热力学第一定律,有

$$\delta q = du + \delta w \qquad ①$$

其中　　　　$\delta q = c_n dT, \quad du = c_v dT, \quad \delta w = p dv$

代入式①,有

$$(c_n - c_v) dT = p dv \qquad ②$$

由迈耶定律

$$c_p - c_v = R_g \quad \text{及} \quad pv = R_g T$$

代入式②,有

$$(c_n - c_v)\frac{\mathrm{d}T}{T} = (c_p - c_v)\frac{\mathrm{d}v}{v} \qquad ③$$

再由 $pv = R_g T$,有

$$\frac{\mathrm{d}p}{p} + \frac{\mathrm{d}v}{v} = \frac{\mathrm{d}T}{T} \qquad ④$$

联立式③和式④得

$$(c_n - c_v)\frac{\mathrm{d}p}{p} + (c_n - c_p)\frac{\mathrm{d}v}{v} = 0 \qquad ⑤$$

令 $n = \dfrac{C_n - C_p}{C_n - C_v}$,则式⑤可变为

$$\frac{\mathrm{d}p}{p} + n\frac{\mathrm{d}v}{v} = 0 \qquad ⑥$$

若 c_n, c_p, c_v 皆为常数,则 n 为常数,则式⑥积分可得

$$pv^n = C \qquad ⑦$$

由式⑦可知,这个过程是多变过程,且多变指数为

$$n = \frac{c_n - c_p}{c_n - c_v}$$

第 5 章　热力循环

1. 图 5 - 1(a)所示为一个具有分级压缩(级间冷却)和分级膨胀(级间再热)的燃气涡轮装置。如何在 $p - v$ 图及 $T - s$ 图上表示出它的理想循环？假定每级压缩前及压缩后的温度分别是相等的,每个涡轮膨胀前及膨胀后的温度也分别是相等的。

答: 它的理想循环如图 5 - 1(b)所示。

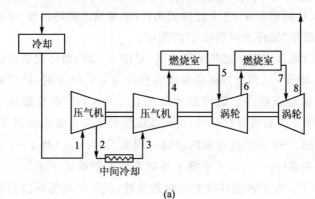

(a)

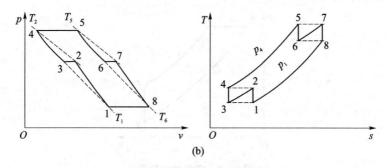

(b)

图 5 - 1　分级压缩和分级膨胀

2. 在分析、计算任一热力循环时,为什么要满足:已知的循环参数(如压缩比、预胀比等)数目等于组成循环的过程数减2?

答:分析、计算热力循环,首先要确定各循环点上的状态参数。设循环由 n 个过程组成,则该循环将有 n 个循环点。一般情况下第一点即初态或发动机进口状态是已知的,另外,第 n 点状态总可以利用第 $n-1$ 点与 n 点的过程关系及第 1 点与 n 点的过程关系加以确定,比方说已知第 $n-1$ 点→n 点是定熵过程,又已知第 1 点→n 点是定压过程,如果第 $n-1$ 点和第 1 点已经确定,那么过第 $n-1$ 点的定熵线和过第 1 点的定压线的交点就是第 n 点,这样就把第 n 点状态确定下来了。因此剩下来的 $n-2$ 个循环点的确定,必须要有 $n-2$ 个已知的条件(通常给出循环参数)才能解决。这就是"循环过程数减 2"的理由。

现以活塞式定压加热循环为例(见图 5-2),循环包括的过程数为 4,即 $n=4$,当已知循环参数的数目为 $n-2=2$ 时,就可确定全部的循环点状态。通常给出压缩比 $\varepsilon=v_1/v_2$ 及预胀比 $\rho=v_3/v_2$,第 1 点状态是已知的,由此就能把第 2、3 点状态确定下来,最后利用 3→4 是绝热过程即定熵过程关系($s_3=s_4$)及 4→1 是定容过程关系($v_1=v_4$),于是第 4 点状态就能被确定下来($v_4=v_1$,$s_4=s_3$)了。有了各循环点上的状态参数,就可以对循环进行各种分析和计算。

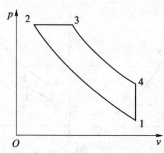

图 5-2 定压加热循环

3. 在活塞式定容加热循环中,定容加热升压比 $\lambda = p_3/p_2$(见图 5 – 3)对循环的热效率是否有影响? 为什么?

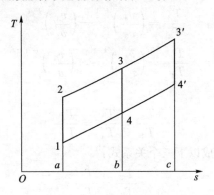

图 5 – 3 定容加热循环

答:定容加热升压比 λ 对循环的热效率是没有影响的。也就是说两个定容加热循环只要它们的压缩比相同、工质相同,热效率就相等,而与定容过程加热升压比无关。这一点从一般工程热力学教材中有关该循环热效率的公式就可知道。现将理由作如下分析:

图 5 – 3 上定容加热循环 12341 及 123′4′1 具有相同的工质(k 相等)及压缩比($\varepsilon = v_1/v_2$),但定容加热升压比不同,它们分别为 $\lambda = p_3/p_2$ 及 $\lambda' = p_{3'}/p_2$,$p_{3'} > p_3$,$\lambda' > \lambda$,同时循环 123′4′1 的吸热量和放热量都分别大于循环 12341 的吸热量和放热量,即

$$面积\, a23'ca > 面积\, a23ba$$
$$面积\, a14'ca > 面积\, a14ba$$

值得注意的是,只要两个循环的压缩比相同,不管定容加热升压比不同或相应的加热量和放热量如何增加(或减少),其附加的吸热量与放热量之比和原来的吸热量与放热量之比总是彼此相等的。正由于此,所以它们的热效率皆相同而与升压比 λ 无关,证明如下:

利用过程关系可有

$$\frac{T_2}{T_1} = \left(\frac{v_1}{v_2}\right)^{k-1}$$

$$\frac{T_3}{T_4} = \left(\frac{v_4}{v_3}\right)^{k-1} = \left(\frac{v_1}{v_2}\right)^{k-1}$$

$$\frac{T_{3'}}{T_{4'}} = \left(\frac{v_{4'}}{v_{3'}}\right)^{k-1} = \left(\frac{v_1}{v_2}\right)^{k-1}$$

于是有

$$\frac{T_2}{T_1} = \frac{T_3}{T_4} = \frac{T_{3'}}{T_{4'}}$$

将上式分别写成以下三个关系式：

由
$$\frac{T_2}{T_1} = \frac{T_3}{T_4}$$

则
$$\frac{T_4}{T_1} = \frac{T_3}{T_2} \qquad ①$$

由
$$\frac{T_3}{T_4} = \frac{T_{3'}}{T_{4'}}$$

则
$$\frac{T_{4'}}{T_4} = \frac{T_{3'}}{T_3} \qquad ②$$

由
$$\frac{T_2}{T_1} = \frac{T_{3'}}{T_{4'}}$$

则
$$\frac{T_{4'}}{T_1} = \frac{T_{3'}}{T_2} \qquad ③$$

于是三个循环的吸热量与放热量之比分别为

循环 12341：

$$\left(\frac{q_1}{q_2}\right) = \frac{\text{面积}\,23ba2}{\text{面积}\,14ba1} = \frac{c_v(T_3 - T_2)}{c_v(T_4 - T_1)} = \frac{T_2\left(\dfrac{T_3}{T_2} - 1\right)}{T_1\left(\dfrac{T_4}{T_1} - 1\right)}$$

所以
$$\left(\frac{q_1}{q_2}\right)_{\mathrm{I}} = \frac{T_2}{T_1}$$

循环 $33'4'43$：

$$\left(\frac{q_1}{q_2}\right) = \frac{面积\ 33'cb3}{面积\ 44'cb4} = \frac{c_v(T_{3'}-T_3)}{c_v(T_{4'}-T_4)} = \frac{T_3\left(\dfrac{T_{3'}}{T_3}-1\right)}{T_4\left(\dfrac{T_{4'}}{T_4}-1\right)} = \frac{T_3}{T_4}$$

所以　　　　　　　$$\left(\frac{q_1}{q_2}\right)_{\text{II}} = \frac{T_3}{T_4} = \frac{T_2}{T_1}$$

循环 $123'4'1$：

同上推导方法可得

$$\left(\frac{q_1}{q_2}\right)_{\text{III}} = \frac{T_2}{T_1}$$

即　　　　$$\left(\frac{q_1}{q_2}\right)_{\text{I}} = \left(\frac{q_1}{q_2}\right)_{\text{II}} = \left(\frac{q_1}{q_2}\right)_{\text{III}} = \frac{T_2}{T_1}$$

由此可见,其吸热量与放热量之比彼此是相等的,因而不会影响到热效率的大小。

4. 活塞式发动机循环的压缩过程有什么作用?

答: 活塞式发动机循环的压缩过程有着提高热效率的作用。设以定容加热循环 12341(见图 5-4)为例,当压缩比减小之后,循环就变为 $12'3'41$,由图可知,这时相应的循环功随之减小了,而放热量未变,由下式:

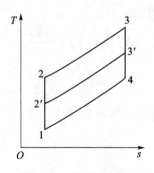

图 5-4　定容加热循环

$$\eta_t = \frac{W_{net}}{Q_1} = \frac{W_{net}}{W_{net} + Q_2} = \frac{1}{1 + \dfrac{Q_2}{W_{net}}}$$

可以看出当放热量 Q_2 不变时，循环功 W_{net} 减小将导致热效率 η_t 下降。由此可见压缩过程起着提高热效率的作用。

5. 一般涡轮喷气发动机主要由进气道、压气机、燃烧室、涡轮及尾喷管五个部分组成。试分析压气机在循环过程中的作用。

答：压气机是个提高工质总压的部件。发动机中的工质通过压气机之后总压增加，再通过燃烧室吸收热量之后，总温又得到提高，即总焓增加。于是高温、高压气体就可以对涡轮做功，在尾喷管中加速，提高动能。如果工质的总温或总焓虽高，而总压并不高，则转变的机械能将很小，也就是说热效率将很低。

这一点可从下述例子对比分析中得到。设有两个完全相同的喷管，其出口的背压是相同的，即 $p_2 = p_{2'}$（见图 5-5），进口的总温、总焓也相同，即 $T_1^* = T_{1'}^*$、$h_1^* = h_{1'}^*$，但进口的总压不相等，设 $p_1^* > p_{1'}^*$。现在通过喷管将工质的焓转变为动能，就喷气发动机而言，喷管出口的气体动能就是所转变的机械能。将两个喷管中的热力过程表示在 $T-s$ 图上（见图 5-5(b)），可以看出

$$T_{2'} > T_2$$

而由热焓方程有

$$h_1^* = c_p T_2 + \frac{c_{f,2}^2}{2} \qquad ①$$

$$h_{1'}^* = c_p T_{2'} + \frac{c_{f,2'}^2}{2} \qquad ②$$

式中，c_f 是气体的流速。现在 $h_1^* = h_{1'}^*$，$T_{2'} > T_2$，由式①、式②比较可得

$$\frac{c_{f,2}^2}{2} > \frac{c_{f,2'}^2}{2} \qquad ③$$

式③表明，在其他条件相同时，气流总压越高，其出口获得的

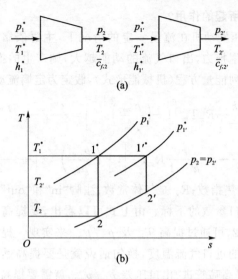

图 5-5 涡轮喷气发动机尾喷管热力过程

动能就越大。由此可以看出压气机提高总压的重要作用。附带说明一下,冲压式喷气发动机从构造上来说虽然没有压气机,但它的进气道起着压气机提高总压的作用。

6. 实际热机循环的加热过程是否存在温差换热的不可逆现象?

答:应该说大部分的实际热机循环加热过程都是有限温差换热过程。例如蒸气动力循环中水在锅炉内吸取燃料燃烧的热量时,燃气的放热温度远高于水的吸热温度,就存在着不可逆温差传热现象。再如燃气轮机及喷气发动机燃烧室将从压气机出来的气体分为两股,一股经由火焰筒加入燃油燃烧得到较高温度的燃气,另一股则在机匣与火焰筒之间的内、外环道中流过,通过主燃孔、掺混孔以及冷却孔进入火焰筒,这两股气流在掺混后达到需要的燃气温度,这一掺混过程也是温差换热,是典型的不可逆过程。

7. 如何用能量方程分析冲压喷气发动机的进气道和燃烧室

对产生推力所起的作用?

答:冲压发动机在流量一定的情况下,主要依靠尾喷管喷出高速气流产生推力,出口气流的动能越大,则产生的推力也越大。现对尾喷管列能量方程(机械能形式),假定为定熵流动,有

$$\frac{k}{k-1}R_g T_{in}\left[1-\left(\frac{p_{out}}{p_{in}}\right)^{\frac{k-1}{k}}\right]=\frac{c_{f,out}^2-c_{f,in}^2}{2}$$

或

$$\frac{c_{f,out}^2}{2}=\frac{k}{k-1}R_g T_{in}\left[1-\left(\frac{p_{out}}{p_{in}}\right)^{\frac{k-1}{k}}\right]+\frac{c_{f,in}^2}{2}$$

式中,k 是绝热指数;R_g 是气体常数;注脚"in"和"out"分别是尾喷管进口和出口参数的下标。由上式可以看出,要提高出口气流的动能 $c_{f,out}^2/2$,可通过提高 T_{in} 及 p_{in}/p_{out} 来实现。提高 T_{in},就是提高尾喷管的进口气流温度,换句话说就是要提高燃烧室中的燃气温度;而提高喷管进、出口压差 p_{in}/p_{out},就需要提高进气道的增压比(燃烧室近似等压燃烧)。

8. 理想布雷登循环的最佳热效率是同温限下的最大热效率吗?

答:不是。

由图 5-6 所示的理想布雷登循环 12341,可知其热效率是增压比 π 的函数,且增压比越大,热效率越高。若循环温比 τ 一定,则意味着压气机出口温度越接近循环最高温度,热效率越高。显然这是毫无意义的,因为这时随着效率的提高,循环功趋近于无穷小,而在实际工程应用中更关注的是热机输出的净功。

所谓最佳热效率则是循环温比 τ 一定时,输出最大循环功所对应的热效率,最大循环功可通过循环功一般表达式求导得到

$$w_{net,max}=c_p T_1\left(\sqrt{T_3/T_1}-1\right)^2=c_p T_1\left(\sqrt{\tau}-1\right)^2$$

其对应的最佳循环压比和最佳热效率分别为

$$\pi_{opt}=\left(\frac{T_3}{T_1}\right)^{\frac{k}{2(k-1)}}=\tau^{\frac{k}{2(k-1)}}, \quad \eta_{t,opt}=1-\sqrt{\frac{T_1}{T_3}}=1-\frac{1}{\sqrt{\tau}}$$

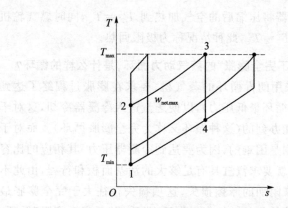

图 5-6　布雷登循环的最佳热效率分析图

以上等式读者可自行推导。由以上两式可知，当压气机进口温度一定时，燃烧室出口温度越高，循环功越大，最佳热效率越高，以及对应的循环压比也越高。

9. 采用"回热"必须具备什么温度条件才能实施？

答： 热力循环中，排出气体的温度必须高于被回热的气体的温度，才能实施回热。以燃气轮机理想布雷登循环为例，即涡轮出口的温度 T_4 必须高于压气机出口温度 T_2，如图 5-7 所示。极限

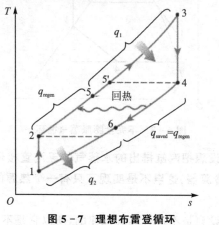

图 5-7　理想布雷登循环

的情况下,回热器将压缩后的空气加热到 $T_{5'}=T_4$,同时燃气轮机的排气冷却到 $T_6=T_2$,此情况称为极限回热。

10. 所谓"不完全膨胀"的蒸气动力循环,是什么样的循环?

答: 一般采用朗肯循环的蒸气机,要求在膨胀过程终了达到冷凝器的压力(循环最低压力),以便乏汽进入冷凝器冷却,这对于汽轮机来说是能办到的(这种循环又称为完全膨胀循环)。而对于往复式蒸气机则是困难的,因为要达到冷凝器压力,其相应的比容是相当大的,这就要求汽缸具有足够大的活塞面积和行程,由此不可避免地又带来附加的摩擦损失,这项损失往往大于完全膨胀最后阶段所获得功的收益。权衡得失后,常采用"不完全膨胀"循环,让蒸气在汽缸中膨胀到某一最适当的压力时,再采用定容冷却使其压力下降到冷凝器的压力。其理想循环如图 5-8 所示,1→2 为锅炉加热过程,2→3 为不完全膨胀过程,3→4 为定容冷却过程,4→5 为在冷凝器中定压冷却为饱和液体的过程,5→1 为水泵定熵加压过程。

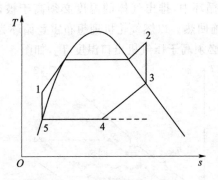

图 5-8 不完全膨胀蒸气循环

11. 有人设想把汽缸排出的水蒸气的乏汽直接通往锅炉的进口,而不经过冷凝器,这岂不是实现了只有一个热源的第二类永动机了吗?

答: 这种设想是不符合客观规律的,所以它是不能实现的。

如图 5-9 所示,1 点是锅炉进口状态,3 点是汽缸排出乏汽的状态,这时 $s_3 > s_1$,不可能采用可逆绝热或不可逆绝热方式使其由 3 点回到 1 点状态,只有经过某一熵减少的过程(即冷却过程),才有可能回到状态 1。所以冷凝过程是不可缺少的。

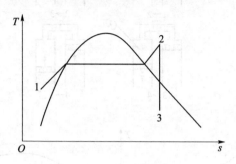

图 5-9 无冷凝器的循环分析

12. 有无逆向斯特林循环？

答：逆向斯特林循环是制冷循环。有些国家已制成斯特林制冷设备以获得 90~12 K 的深冷,采用的工质一般是氦或氢,最高和最低压力大致为 3.5 MPa 和 1.5 MPa。其工作原理如图 5-10 所示。

其中,1→2 为右缸活塞固定不动,左缸活塞向上移动,压缩气体同时放出热量 Q_1,以保证定温压缩。2→3 为左、右缸内活塞以相同速度在缸内运动,使左缸气体流经回热器时放出热量 $Q_回$,进行定容降温后进入右缸。3→4 为左缸活塞固定不动,右缸活塞继续向下移动,吸收热量 Q_2(产生制冷效果),以保证定温膨胀。4→1 为左、右两缸以相同速度朝 2→3 相反的方向运动,使右缸气体流经回热器吸收回热量 $Q_回$ 升温后进入左缸。

13. 为什么说热泵是一种有效的节能设备？

答：热泵循环和制冷循环就其热力学原理来说,没有本质的差别,只是制冷循环把环境当作高温热源;而热泵则把环境当作低温热源,其目的是通过外界输入机械功(或电能)使热泵从环境(低

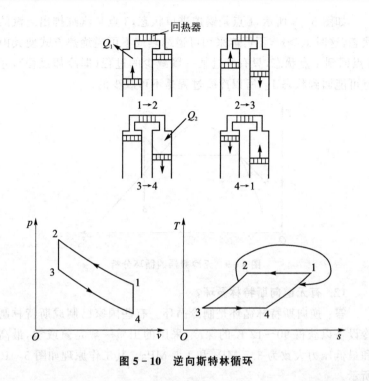

图 5-10　逆向斯特林循环

温热源)抽取热量,连同机械功转变的热量一起输送给供暖对象或暖房(高温热源),这就是它的基本工作情况。现在来计算一笔账:

① 假定输入的电能是 1 度电(kW·h),现通过电热器直接将 1 度电转变为热能(不考虑其他损失),可向暖房提供 3 600 kJ 热量。

② 若仍用此 1 度电的电能输给热泵,假定使热泵在环境(0 ℃)里抽取热量,最后向暖房(40 ℃)供热,则供热量为 28 188 kJ (也不考虑各种损失)。

由上看来,热泵供热量为电→热直接转换时的 7.8 倍,所以说热泵是一种有效的节能设备。

14. 为什么说烟是一种评定能量"品质"的参数?

答：各种不同形态的能量，就其动力利用的价值而言，并不相同。例如机械能、电能就与热能不一样，热能转换为机械能的能力要受到热力学第二定律的限制，即使在最理想情况下（如采用卡诺循环），也只能有一部分转换为可利用的机械功。同样 10 kJ 的热量，在 100 ℃下的做功能力大约只是 800 ℃下的 1/3。而电能、机械能在转换时不受热力学第二定律的限制，理论上可百分之百地转换为机械功。因此，这里就存在着一个"能量价值"或能量"品质"的问题。

㶲是一个表征工质做功能力的参数，它能反映各种形态能量的转换能力，对于能量"品质"的评定，可以用单位能量中含有的㶲值加以度量，称为能质（λ），即

$$\lambda \equiv \frac{E_x}{E_n}$$

式中，E_n 是任何形态的能量；E_x 即㶲。以㶲作为度量能量"品质"的尺度，这不仅考虑了能量的"数量"多少，而且还反映了它的"品质"高低。

15. 㶲分析法有什么特点？

答：利用㶲可以对热力设备或热力循环进行分析，评价其能量利用的完善性。

通常先对设备的各部件或循环的各实际过程做㶲损失的分析，然后汇总起来就是整个热力设备或整个循环的㶲损失。这种分析法的特点首先在于它同时考虑到能量的"数量"和"品质"两个方面，由此得出的分析结果能真正反映出能量利用的完善性。而一般采用基于热力学第一定律的能量平衡和能量转换效率的分析方法往往不能得到这样的效果。

例如就蒸气锅炉而言，从传递能量的"数量"来看，锅炉的效率已很高（达 90％以上）；而采用㶲分析从传递能量的"品质"来看，由于锅炉传热温差较大，尽管能量的"数量"损失不多，但"品质"降低很厉害（㶲损失较大，约占 49％）。又如对冷凝器的评价，从能量的

"数量"来看,认为在冷凝器里排走的热量太多,很不经济;而从㶲分析来看,则认为排热虽多,但因乏汽"品质"甚差(因乏汽温度不高),其做功能力的损失并不大(㶲损失约占 1.5%)。

由以上分析可以看出㶲分析法在评定能量的"品质"方面具有独特的优点。另外,采用㶲分析法可以具体找出㶲损失较大的过程,即发现能量利用的薄弱环节,以便有针对性地加以改进。

16. 由卡诺循环的热效率表达式 $\eta_c = 1 - T_2/T_1$ 可知,提高奥托循环热效率的根本措施是提高工质的最高温度 T_3 和降低最低温度 T_1,而式 $\eta_t = 1 - 1/\varepsilon^{k-1}$ 却表明奥托循环的热效率与温比 T_3/T_1 无关,这是否存在矛盾?

答:不矛盾。如图 5-11 所示,提高压比 ε,实际上提高了平均吸热温度 $\overline{T_1}$,降低了平均放热温度 $\overline{T_2}$,循环的效率可表示为

$$\eta = 1 - \frac{\overline{T_2}}{\overline{T_1}}$$

因此循环效率是增大的。

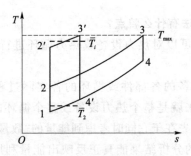

图 5-11　不同压比的奥托循环

17. 如图 5-12 所示,图(a)为渐缩喷管,图(b)为缩放喷管。如果沿 2'—2' 截面将喷管尾部截掉一小段,将产生什么影响?出口截面上的压力、流速和质量流量是否发生变化?

答:对于渐缩喷管,若此时背压大于临界压力,尾部截掉一小段后,出口截面上的压力仍等于出口背压,出口比容和流速也不

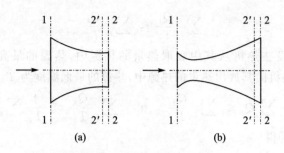

(a)   (b)

图 5 - 12　截断喷管的分析

变,但出口截面积增大了,因此流量会变大;若此时背压小于或等于临界压力,则出口截面上的压力不变,仍等于临界压力,同样道理,比容和流速不变,流量变大。

对于缩放喷管,由于喉部截面不变,前段渐缩喷管也没有变化,则气体的流动情况不随扩张段的变化而变化。因此,当喷管尾部截去一小段之后,$2'$—$2'$ 截面上的压力高于背压(原来的设计工况 $p_2=p_b$,p_2 为 2—2 截面压力,p_b 为环境背压),流速减小,流量不变,比容也是减小的。

18. 热机在循环中与多个热源交换热量,在热机从其中吸热的热源中,热源的最高温度为 T_1,在热机向其放热的热源中,热源的最低温度为 T_2。为何热机的效率不会超过 $1-\dfrac{T_2}{T_1}$?

答： 根据克劳修斯不等式可知:

$$\sum_i \frac{Q_i}{T_i} \leqslant 0 \qquad ①$$

式中,Q_i 是热机从温度为 T_i 的热源吸取的热量(吸热 Q_i 为正,放热 Q_i 为负)。将热量重新定义,可以将式①改写为

$$\sum_j \frac{Q_j}{T_j} - \sum_k \frac{Q_k}{T_k} \leqslant 0 \qquad ②$$

式中,Q_j 是热机从热源 T_j 吸取的热量;Q_k 是热机向热源 T_k 放出的热量,Q_j、Q_k 恒正。可将式②改写为

$$\sum_j \frac{Q_j}{T_j} \leqslant \sum_k \frac{Q_k}{T_k} \qquad \text{③}$$

假设在热机从其中吸取热量的热源中,热源的最高温度为 T_1,在热机向其放出热量的热源中,热源的最低温度为 T_2,必有

$$\frac{1}{T_1}\sum_j Q_j \leqslant \sum_j \frac{Q_j}{T_j} \quad \text{和} \quad \sum_k \frac{Q_k}{T_k} \leqslant \frac{1}{T_2}\sum_k Q_k$$

故由式③得

$$\frac{1}{T_1}\sum_j Q_j \leqslant \frac{1}{T_2}\sum_k Q_k \qquad \text{④}$$

定义 $Q_1 = \sum_j Q_j$ 为热机在过程中吸取的总热量,$Q_2 = \sum_k Q_k$ 为热机放出的总热量,则式 ④ 可表为

$$\frac{Q_1}{T_1} \leqslant \frac{Q_2}{T_2} \qquad \text{⑤}$$

或

$$\frac{T_2}{T_1} \leqslant \frac{Q_2}{Q_1} \qquad \text{⑥}$$

根据热力学第一定律,热机在循环过程中所做的功为

$$W = Q_1 - Q_2$$

热机的效率为

$$\eta = \frac{W}{Q_1} = 1 - \frac{Q_2}{Q_1} \leqslant 1 - \frac{T_2}{T_1} \qquad \text{⑦}$$

19. 蒸汽压缩制冷循环可以采用节流阀来替代膨胀机,空气压缩制冷循环是否也可以采用这种方法?为什么?

答: 空气压缩制冷循环不能用节流阀代替膨胀机。膨胀机的作用是同时降低空气的温度和压力,使得循环正常运行。如果改用节流阀,节流前、后焓不变,而空气近似为理想气体,则节流后其温度不变,这样无法同时达到降温降压的目的。

如图 5-13 所示,如果节流前流体处于图中的 $2a$ 状态,当压降不是很大的时候,节流后的状态点落在点 $2d$(该点温度与 $2a$ 温度相等)的右侧,则节流后的温度高于节流前温度,无法实现降温

降压;但是如果压降足够大,节流后的状态点落在 $2d$ 的左侧,则可以同时达到降温降压的目的。

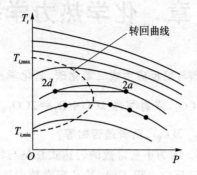

图 5 – 13　节流降温分析

第6章　化学热力学基础

1. 一氧化碳与氧反应生成二氧化碳,其化学反应方程式可写为$CO + \frac{1}{2}O_2 = CO_2$,或者写为$2CO + O_2 = 2CO_2$。上列二式的平衡常数分别为$k_{P1}$及$k_{P2}$,两者是否相等?

答:不相等。因为平衡常数的表达式总是与特定的化学反应方程相对应,化学反应方程不同,其平衡常数表达式也会不同,同时平衡常数的单位也不相同。

2. 通常把燃烧过程当成是在定温、定容或定温、定压条件下进行的,有何根据?

答:燃料燃烧的实际情况是:燃烧反应放出热量,与此同时,此热量加给燃烧产物以升高温度。为了便于确定放热量,可以把上述过程当作两步来处理。第一步,看成工质的温度未变,燃烧是在定温再加上定容(如在封闭空间里燃烧)的条件下进行的,也可以是在定温再加上定压(如在开口的空间里燃烧)的条件下进行的,这样就可以算出反应热。定温、定容或定温、定压就是这样得来的。第二步是用第一步放出的热量对燃烧产物进行定容或定压加热,提高燃气温度,由此可以算出燃烧温度。

3. 在用能量方程分析流动气体的燃烧加热过程时,当不考虑工质成分变化的情况时,常采用下列形式:$Q = H_{out} - H_{in}$ ①,式中H是焓,Q是加热量,且有$H_{out} > H_{in}$。而在化学热力学中分析同一问题时(显然要考虑成分的变化),则采用这种形式:$H_{out} = H_{in}$ ②。这里有无矛盾?设分析时都忽略气流动能的变化。式②中H是包括化学能在内的焓。

答:没有矛盾。

前者在分析燃烧室中的流动过程时,由于不考虑化学反应引起的成分变化,因而熔 H 中也相应地不考虑化学能,同时把燃烧释热加给燃烧产物当作由外界向工质加热。所以由热熔形式的能量方程得到

$$Q + H_{in} = H_{out} \qquad ③$$

式③表明进口熔与加热量合在一起变为出口熔。现在考虑有化学反应引起成分变化的同一燃烧过程,工质被加热是由于化学反应中进口物质成分变为出口成分所释放出来的化学能所致,即

$$Q = U_{in,化} - U_{out,化} \qquad ④$$

式中,$U_{化}$ 仅表示物质成分内能中所含的化学能,将式④代入式①有

$$U_{in,化} + H_{in} = U_{out,化} + H_{out} \qquad ⑤$$

不要忘记由式①表示的 H_{in} 及 H_{out} 都是不包括化学内能在内的所谓的物理熔。设 $H_{化}$ 表示包括化学内能在内的熔,则式⑤变为

$$H_{化,in} = H_{化,out} \qquad ⑥$$

实际上式⑥就是式②,也就是说式①及式②中的 H 含义是不同的,前者是(不包括化学能的)物理熔,而后者则是包括化学能在内的熔。为了避免文字含义的混淆,最好以式⑥代替式②的形式。可见就实质而言,式①及式②并无矛盾,只是两者表达的内容不同。

4. 理论燃烧温度在燃气温度测量上有无参考价值?

答:有一定参考价值。

理论燃烧温度是在没有任何热损失情况下燃气所能达到的温度,因此理论燃烧温度是燃气所能达到的最高温度。在实际燃烧过程中,热的散失和不完全燃烧总是存在的,因此实际燃气温度总是小于理论燃烧温度。由此可以用来检验实际温度测量是否合理。

5. 如果系统内部没有达到热平衡及力平衡,能单独实现化学平衡吗?

答:由化学热力学原理可知,系统的温度和压力对化学平衡是有影响的,也就是说它将影响化学平衡。因此,当系统内部尚未达到热平衡及力平衡,与此同时化学平衡也不可能单独实现。

6. 热力学第三定律能否看成是热力学第二定律的一个推论?

答:能斯特(W. Nernst)在讨论绝对零度不能达到的问题时,曾用热力学第二定律的开尔文表述说明若冷源温度为绝对零度,则卡诺热机就成了第二类永动机。于是有人就认为以"绝对零度不能达到"表述的热力学第三定律是热力学第二定律的一个推论,而不是一个独立的定律。这种看法是不对的。

因为热力学第二定律是建立在 $T>0$ 时的各种事实基础上的,至于在 $T \rightarrow 0K$ 的极限时,热力学第二定律的各种结论是否都正确,不能毫无根据地做出判断。能斯特只是为了说明热力学第三定律与第二定律没有矛盾,而不是说明热力学第二定律的开尔文表述已经包含了 $T=0K$ 的极限情况。所以热力学第三定律是一个独立的定律。

显然,绝对零度不能达到原理不可能直接通过实验来证明,它的正确性是由它的一切推论都与实际观测相符合而得到保证的。

参考文献

[1] 乌卡诺维奇,等.工程热力学[M].裴烈钧,等译.北京:水利电力出版社,1960.

[2] 王竹溪.热力学[M].北京:高等教育出版社,1955.

[3] 严济慈.热力学第一定律和第二定律[M].北京:人民教育出版社,1966.

[4] 李椿,等.热学[M].北京:人民教育出版社,1978.

[5] 谢锐生.热力学原理[M].关德相,等译.北京:人民教育出版社,1980.

[6] 夏皮罗.可压缩流的动力学和热力学[M].陈立子,等译.北京:科学出版社,1966.

[7] 萨莫洛维奇.热力学与统计物理学[M].许国保,译.北京:人民教育出版社,1961.

[8] 乌卡诺维奇,等.气体的热力学性能[M].张惠民,译.北京:高等教育出版社,1955.

[9] Reynolds W C, Perkins H C. Engineering Thermodynamics [M]. 2nd edition. McGraw-Hill,1977.

[10] Benson R S. Advanced Engineering Thermodynamics[M]. Oxford:Pergamon Press,1967.

[11] 赵承龙.工程热力学解疑[M].南京:江苏科学技术出版社,1986.

[12] 张净玉,毛军逵,李井华,等.工程热力学[M].北京:北京航空航天大学出版社,2022.